U0348933

烟草重金属风险
控制理论与技术

刘海伟 石 屹 马义兵 著

中国农业科学技术出版社

图书在版编目（CIP）数据

烟草重金属风险控制理论与技术 / 刘海伟，石屹，马义兵著 . -- 北京：中国农业科学技术出版社，2024.10. -- ISBN 978-7-5116-7100-4

Ⅰ . S572

中国国家版本馆 CIP 数据核字第 2024KE0158 号

责任编辑	闫庆健
责任校对	王　彦
责任印制	姜义伟　王思文

出 版 者	中国农业科学技术出版社
	北京市中关村南大街 12 号　邮编：100081
电　　话	（010）82106632（编辑室）（010）82106624（发行部）
	（010）82109709（读者服务部）
网　　址	https://castp.caas.cn
经 销 者	各地新华书店
印 刷 者	北京建宏印刷有限公司
开　　本	170 mm×240 mm　1/16
印　　张	12
字　　数	213 千字
版　　次	2024 年 10 月第 1 版　2024 年 10 月第 1 次印刷
定　　价	98.00 元

━━◆◆◆◆ 版权所有·侵权必究 ◆◆◆◆━━

《烟草重金属风险控制理论与技术》
著者名单

主　著　刘海伟　石　屹　马义兵

著　者　（按姓氏笔画排序）

马义兵　王　永　王　朋　王树声　王浩浩

王海云　王德权　石　屹　包自超　朱莹莹

刘海伟　许耘祥　许家来　李连祯　李菊梅

李德成　杨佳蒴　宋效东　张　标　张　彦

张成尧　张启明　张莉汶　张根平　张海伟

张蕴睿　苑举民　欧　全　宗　浩　赵玉国

胡文友　贺　远　夏海乾　顾迎晨　郭金平

黄本荣　黄择祥

内容提要

本书在梳理 10 余年烟草与重金属相关研究工作成果的基础上，阐述了土壤重金属风险评价、空间分布、外源解析的方法与应用，明确了烟草对重金属吸收、分配和富集特征与影响因素，同时揭示了烟草对重金属镉富集和耐性的生理机制，尝试构建了烟叶重金属阈值的推导方法，并在理论研究的指导下，形成了烟草重金属消减技术体系和重金属风险控制策略。

本书适合农业、环境相关领域科研人员和烟草生产技术人员参考阅读使用，也可供农科院校相关专业师生阅读。

前　言

　　农产品质量安全是关系国计民生的大事，一直为政府和学者所关注。烟草行业是我国国民经济的重要支柱，烟草质量安全影响国家经济的安全和稳定。十几年前，烟草重金属风险曾引起社会广泛关注，一度成为国内外社会热点。当时烟草重金属相关研究储备不足，如限量标准空白、风险现状不明、控制机理和措施针对性弱等问题突出。为了解决国家和烟草行业发展重大需求，10 余年来全国10 余个种植烟草省份开展了工商研联合攻关，形成了相对完备的研究理论、方法和技术，其中构建的烟草重金属风险控制策略在多省份推广应用，取得了显著的社会、生态效益，为我国农村生态环境保护、烟草行业高质量稳定健康发展提供了有力支撑。

　　本书即是此前相关研究工作的总结和整理，内容重点突出相关理论、方法和技术的提出和应用，以供广大科研人员和烟草生产技术人员参考。

　　本书相关研究工作得到了国家烟草专卖局特色优质烟叶开发重大专项、公益性行业（农业）科研专项、中国农业科学院科技创新工程、山东省自然科学基金面上项目以及多个行业项目的支持，相关工作也得到了烟草产区各省、市、县局（公司）的大力支持和帮助，在此表示衷心的感谢。

　　重金属风险涉及面广，烟草生产又具有自己的特点，加上笔者水平有限，因此，书中难免会出现疏漏之处，希望读者能够给予批评指正，以便今后修订时完善和补充。

著　者

2024 年 7 月 5 日

目 录 Contents

第一章

引 言

一、研究背景

农产品质量安全问题一直是全球关注的焦点，农产品中富集的重金属因其具有非生物降解性和持久性引起了全世界的普遍关注，农产品及产地重金属风险已成为国内外环境污染研究的热点。我国耕地土壤污染情况总体稳定，但一些地区土壤重金属风险状况仍比较突出，易导致农产品质量安全问题。烟草是我国重要经济作物之一，在国民经济中占有重要地位，并为山区脱贫致富、乡村振兴做出重要贡献。烟草质量安全与稳定是烟草行业可持续发展的保障。然而，烟草重金属风险曾引起广泛关注，一度成为国内外社会焦点和热点，也引起了国家和各级烟草主管部门高度重视。《中华人民共和国烟草专卖法》第五条规定"国家加强对烟草专卖品的科学研究和技术开发，提高烟草制品的质量，降低焦油和其他有害成分的含量"。

因此，课题组面向国家经济稳定重要需求和烟草行业发展重大需求，针对当时烟草及产地重金属风险评估和控制缺乏科学储备和支撑的状况，历经10余年在全国10余个植烟省区开展了工商研联合攻关。2010年，国家烟草专卖局启动了特色优质烟叶开发重大专项，其中"低危害烟叶开发"项目为其"三纵三横"规划中三横重点项目之一。"烟叶重金属控制技术研究与应用"为国家烟草专卖局特色优质烟叶开发行业重大专项"低危害烟叶开发"项目的重点课题。参与"低危害烟叶开发"项目的安徽、福建、贵州、河南、黑龙江、湖北、湖南、吉林、辽宁、山东、陕西、云南等12个省份配套立项省局（公司）科技项目。2011年启动的公益性行业（农业）科研专项"烟草增香减害关键技术研究与示范"也将"烟区土壤质量恢复技术研究与示范"作为任务之一，重点关注烟区土壤重金属治理。2012年，中央级公益性科研院所基本科研业务费立项"烟草不同生育期各器官镉形态的差异"。2013年，国家烟草专卖局立项创新平台经费专项"烟草对重金属镉富集生理机制及调控研究"，中国烟草总公司江西省公司立项"江西烟草质量安全状况及控制技术研究"。2015年，中国烟草总公司山东省公司立项重点项目"山东烟叶特色定位应用研究"。2017年，中国烟草总公司湖南省公司立项"外源刺激诱导根尖组织结构变化对烟草镉吸收的影响"。2023年，山东自然科学基金立项面上项目"ABA诱导根尖木栓层分化可塑性对不同富集类型烟草Cd质外体途径径向运输的调控机制"。2014年至今，中国农业科学院科技创新工程也对本研究进行了持续性的支持。

因此，本研究面向国家和行业发展需求，针对烟草质量安全存在的问题，创新提出了基于空气健康风险评估的烟草重金属限量阈值推导方法，评估了全国烟叶、植烟土壤、肥料、灌溉水和农药重金属风险状况，绘制了代表产区土壤和烟叶重金属空间分布图，同时阐明了烟草重金属吸收动力学特征，创建了基于土壤理化性状的烟叶镉预测模型，突破了镉转运贮存生理和分子机制，解析了土壤重金属外源贡献，据此形成了6类烟草重金属消减阻控技术体系和全国烟区重金属控制策略并在全国主要烟区进行了示范应用，显著降低了烟叶重金属富集风险，为中式卷烟原料质量安全提供了保障，也为烟区生态环境保护和乡村振兴做出了重要的贡献。

二、技术路线

本研究围绕烟草及产地重金属控制节点、镉富集机制和重金属外源解析开展研究工作，明确土壤－烟叶－烟气中重金属的迁移规律，在此基础上基于空气健康风险评估方法推导烟叶重金属限量阈值，建立烟草重金属风险综合评估方法；阐明主要风险因子镉在烟草的转运动力、储存解析机制和分子机制，并结合重金属吸收迁移特征，形成田块尺度烟草重金属消减技术；绘制代表产区重金属分布图，估算植烟土壤重金属状况，定性、定量解析植烟土壤重金属的主要外源途径与相对贡献，制订烟草产区区域尺度重金属控制策略，最终构建烟草重金属风险控制体系（图1-1）。

本书选取一部分研究成果进行出版，同时对在研究中使用的一些理论、方法和技术进行详细的阐述，希望对相关领域未来的研究有所裨益。

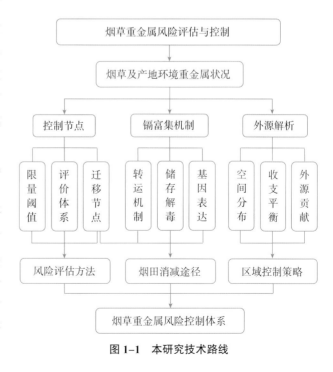

图1-1 本研究技术路线

第二章

植烟土壤重金属
风险评估方法及应用

第一节
植烟土壤重金属风险评价方法

重金属为密度在 4.0 g/cm³ 以上的约 60 种金属元素或密度在 5.0 g/cm³ 以上的 45 种金属元素。环境污染方面所指的重金属通常指生物毒性显著的镉（Cd）、铬（Cr）、铜（Cu）、汞（Hg）、镍（Ni）、铅（Pb）、锌（Zn）以及类金属砷（As），其中 As、Cd、Cr、Hg、Pb 最受关注。Cu、Ni、Zn 也均已被确定为植物必需营养元素之一。土壤是人类生态环境的重要组成部分，是人类赖以生存的物质基础和宝贵的财富源泉，同时也承担着环境中大约 90% 的来自各方面的污染物。随着人类经济社会的不断发展，对土地需求的扩展及开发强度增加的同时，向土壤中排放的各种污染物也在成倍地增加，尤其是重金属污染状况日趋严重。由于重金属污染具有隐蔽性、长期性与不可逆等特点，可通过食物链的传递进入人体，给人类的健康带来风险，因此，可以说土壤重金属污染影响到整个人类生存的环境质量。此前学者构建或引入了多种参数用来对土壤中重金属风险进行评价，下面选择几种常用评价参数进行介绍。

一、地积累指数法

（一）方法介绍

地积累指数由德国学者 Müller（1979）提出，通过计算元素在环境中实测含量与目标元素地球化学背景值的比例，并考虑到当地自然造岩作用可能导致背景值改变的因素，以校正系数予以修正，减小引起背景值变动的干扰，并以此对土壤或河流沉积物的元素积累作出评价。计算公式为：

$$I_{geo} = \log_2 \frac{C_i}{1.5B_i} \qquad (2\text{-}1\text{-}1)$$

式中，1.5 为常用的校正系数；C_i 是 i 元素土壤含量（mg/kg）；B_i 是 i 元素土壤背景值（mg/kg）。中国环境监测总站主持的国家第一次土壤调查（1990）统计了大量的元素土壤背景值数据，并依 I_{geo} 值分出 7 个不同土壤污染程度：< 0，无污染；0～1，轻微污染；1～2，轻度污染；2～3，中度污染；3～4，

重度污染；4～5，极重污染；≥5，极度污染。

（二）方法应用

对土壤重金属污染或风险水平进行评价的各种参数，最初设计目的不尽相同，分析问题的侧重点不同，选择的参比含量也有所差异，因此各个评价参数在某个方面可能具有其独到的优势，而往往在整体关联因素分析中丢失了一些信息。地积累指数法重在反映重金属分布的自然变化特征及人为影响，但该方法侧重反映单一金属，地积累指数广泛用于评价矿山排水区土壤及周边农田土壤中重金属含量，如宋炉生等（2024）研究了废弃铁矿下游农田重金属污染状况，发现 Cd 处于偏中度污染，Cu、Ni、Zn 处于轻度污染，As、Hg、Pb 均处于无污染；陈文等（2024）研究了云南会泽铅锌矿区重金属污染状况，发现整个研究区 Cd 均处于偏重污染以上，Pb 和 Zn 在会泽县中、北部存在中轻度污染，Cu、Cr 在研究区内整体处于轻度污染水平，但南部污染程度整体大于北部。同时地累积指数法还可与溯源模型结合，研究耕作土壤受工业区、冶炼厂、煤矿等的综合影响，如周蓓蓓等（2024）在安徽矾矿土壤重金属污染调查中以地积累指数法研究发现 As 中度污染，Cd 重度污染，Cu、Mn、Ni 均属于无污染，结合 APCS-MLR 模型与 PMF 模型解析结果，判定自然源及燃煤源是研究地域内以 Cd 为代表的重金属污染主要源头；张森等（2024）在研究典型废弃锑冶炼厂土壤重金属污染特征时，同样使用了地积累指数结合溯源模型（主成分分析、相关性分析、APCS-MLR 模型）的方法，发现 Sb、As、Cd、Pb、Zn 和 Cu 人为累积程度较高，受到非自然因素影响较大，Sb、As 和 Cd 污染最为严重，研究区域重金属主要来源于以锑冶炼为主的工业源、自然源、混合源和未知源。

二、富集因子法

（一）方法介绍

富集因子法通过比较目标元素与地壳中参考元素的实测值比值与背景值比值衡量目标元素在土壤中的富集程度。实际应用中铝（Al）是最常见的地壳参考元素，也有研究以钪（Sc）、锆（Zr）、钛（Ti）、铁（Fe）作参考元素（王玉军等，2017）。富集因子（EF_i）计算公式为：

$$EF_i = \frac{C_i}{C_r} / \frac{B_i}{B_r} \qquad (2-1-2)$$

式中，C_r 是参考元素土壤含量（mg/kg）；B_r 是参考元素土壤背景值（mg/kg）。根据富集系数值，将富集程度分为五类（Sutherland，2000）：< 2，富集不足或极低；2 ~ 5，中度富集；5 ~ 20，显著富集；20 ~ 40，高富集；> 40，极高富集。

（二）方法应用

富集因子法对研究区域背景值或地壳元素平均含量进行归一化，评价矿区周边土壤、森林土壤或泥炭土中重金属富集程度受人类行为的影响情况。赵庆令等（2024）以菏泽市表层土壤背景值数据作为基准值，研究了菏泽市单县表层土壤的重金属富集系数，发现仅个别点位 Hg 的富集程度相对偏高，As、Cd、Cr、Cu、Ni、Pb 和 Zn 等 7 种重金属全部为无污染或轻微污染，其结果与地积累指数法所得结果趋势基本一致。颜梦霞等（2024）对云贵高原西部研究发现土壤 75.4% 和 81.2% 的样点中 Cd 和 Hg 为中度及中度以上富集；43.5% 的样点中 Pb 为中度及中度以上富集。但在实际应用中，富集因子法也存在问题。一是由于土壤中重金属污染来源复杂，富集因子仅能反映重金属的富集程度，而不能追溯到具体污染源及迁移途径；二是参考元素历来曾采用 Al、Fe、Zr、Sc、Ti 或总有机碳等，并没有统一的选择规范，同时参考元素本身难以参加评价；三是背景值的选择也没有明确的标准，不少评价案例以地壳元素质量分数平均值或全球页岩元素质量分数平均值作为背景值，而不同区域由于土壤成土母质组成差异较大，往往对评价结果造成较大偏移。

三、污染指数法

（一）方法介绍

污染指数法也是衡量土壤重金属污染程度的重要方法。其中，单因子污染指数和内梅罗综合指数法（Nemerow index）近年来在实践中被广泛应用。

单因子污染指数公式（P_i）：

$$P_i = \frac{C_i}{S_i} \qquad (2-1-3)$$

内梅罗综合指数公式（$P_综$）：

$$P_综 = \sqrt{\frac{P_{i\,max}^2 + P_{i\,ave}^2}{2}} \qquad (2-1-4)$$

式中，P_i 为单因子污染指数；$P_综$ 为内梅罗综合指数，其计算参照土壤环境监测技术规范（HJ/T 166—2004）；S_i 为参照重金属 i 在土壤环境质量标准（GB 15618—2018）或烟草产地环境技术条件标准（NY/T 852—2004）中二级标准的评价标准（mg/kg）；$P_{i\max}$ 为重金属 i 的单项污染指数的最大值；$P_{i\,ave}$ 为重金属 i 的单项污染指数的平均值。

（二）方法应用

直接利用单项指数法和内梅罗指数法，从重金属含量角度评估农田重金属污染特征已经成为土壤重金属风险评价的常用方法（李巧云等，2024；赵庆令等，2024）。内梅罗指数法涵盖了各单项污染指数，并突出了高浓度污染在评价结果中的权重，提升了评价方法的综合评判能力。污染指数法虽能明确反映出各种污染物单一或共同对土壤环境的影响，但未考虑土壤中各种污染物毒性的差别，只能反映污染的程度而难以反映污染的质变特征。后续分析检测所带来的异常值常常对所得结果的影响过大，人为夸大了该元素的实际影响作用，在实际运用中同其他评价方法联用能够使得评价结果更加全面合理。因此，许多研究者同时结合内梅罗综合指数法及其他污染评价手段的方式，从多角度反映土壤中重金属污染情况。如对金属矿周围牧区土壤样品中重金属评价时，运用内梅罗指数法、污染负荷指数法和聚类分析等方法综合分析该矿区周围土壤重金属的污染程度（罗浪等，2016）。在对农田的重金属污染评价中，采用内梅罗指数同潜在生态危害指数（唐运萍等，2023）或基于GIS 的地统计学方法（Liu et al.，2021；贺芳等，2024）或人体健康风险评价（赵庆令等，2024）等评价方法同时使用的方式能够实现从重金属含量到生态毒性、人体健康影响及空间分布的综合考量，进而对重金属的污染程度和源头进行分析。

四、潜在生态风险评价法

（一）方法介绍

潜在生态风险评价方法由 Hakanson（1980）提出，该方法从沉积学角度出发，综合考量了一种或多种重金属含量对环境生态效应的影响。

单因子潜在生态风险评价公式（EI_i）：

$$EI_i = T_i \frac{C_i}{B_i} \qquad (2-1-5)$$

整体潜在生态风险评价公式（RI）：

$$RI = \sum_{i=0}^{n} EI_i \qquad (2\text{-}1\text{-}6)$$

式中，EI_i 是元素 i 的单一潜在风险因子；T_i 是毒性反应因子，As、Cd、Cr、Cu、Hg、Ni、Pb 和 Zn 取值分别为 10、30、2、5、40、5、5 和 1。RI 是多元素下整体潜在生态风险指数，即所有元素 EI_i 的和，根据 EI 和 RI 值的大小，生态风险评价标准如下：$EI < 40$ 或 $RI < 150$，无风险；$EI\ 40 \sim 80$ 或 RI $150 \sim 300$，轻度风险；$EI\ 80 \sim 160$ 或 $RI\ 300 \sim 600$，中度风险；$EI\ 160 \sim 320$ 或 $RI \geqslant 600$，重度风险；$EI \geqslant 320$，极重度风险。

（二）方法应用

潜在生态危害指数法综合考虑了生物有效性及相对贡献与地理空间差异等特点（马杰等，2024），但其加权带有一定的主观性。需要指出的是，该模型起初用于湖泊系统，在运用于土壤介质时若不经修正，缺乏表征土壤理化性质对重金属毒性影响的特征指标，将使所得的评价结果不够科学合理。张森等（2024）研究典型废弃锑冶炼厂土壤重金属污染特征中，使用潜在生态风险评价方法判断 Sb、As 污染风险极为严重，Cd 存在中轻度污染风险，结果与地积累指数法及重金属含量标准结果相一致。同样，唐运萍等（2023）在研究洱海底污泥过程中，地积累指数与潜在生态风险评价均显示 Hg、Cd 存在较高污染（污染风险）。

总之，由于不同土壤重金属风险评价方法侧重点不同，所以通常在评价研究中会采用多种评价方法，从不同角度来综合评判（Liu et al., 2017, 2018, 2021；刘海伟等，2018）。

参考文献

陈文, 刘奇, 王豹, 等, 2024. 云南省会泽县某铅锌矿区耕地土壤重金属污染评价及来源解析 [J/OL]. 农业环境科学学报, 43(5):1-10.

国家环境保护总局, 2004. 土壤环境监测技术规范 HJ/T 166—2004 [S]. 北京：中国环境出版社: 16-17.

国家环境保护总局, 2018. 土壤环境质量标准 GB 15618—2018[S]. 北京：中国标准出版社: 2.

李巧云, 赵航航, 杨婵, 等, 2024. 汉江上游农田土壤微塑料与重金属污染特征及生态风险评价 [J/OL]. 环境科学, DOI:10.13227/j.hjkx.202401220.

刘海伟, 宗浩, 王海云, 等, 2018. 临沂植烟土壤重金属空间分布特征与生态健康风险评价

[J]. 中国烟草科学 ,39(4):41-49.

罗浪 , 刘明学 , 董发勤 , 等 , 2016. 某多金属矿周围牧区土壤重金属形态及环境风险评测 [J]. 农业环境科学学报 ,35(8):1523-1531.

马杰 , 王胜蓝 , 秦启荧 , 等 , 2024. 基于源导向的锰矿尾矿库周边土壤重金属风险评估 [J/OL]. 环境科学 , DOI:10.13227/j.hjkx.202401092.

农业部 , 2004. 烟草产地环境技术条件 : NY/T 852—2004 [S]. 北京 : 中国标准出版社 : 2.

宋炉生 , 孙振洲 , 胡晶 , 等 , 2024. 废弃铁矿及下游农田土壤重金属污染特征及来源解析 [J]. 环境工程 (4):1-13.

唐运萍 , 隋世燕 , 刘卫红 , 等 , 2023. 洱海底泥重金属污染及富营养化的特征分析与评价 [J]. 昆明理工大学学报 (自然科学版),48(6):133-142.

王玉军 , 吴同亮 , 周东美 , 等 , 2017. 农田土壤重金属污染评价研究进展 [J]. 农业环境科学学报 , 36(12): 2365-2378.

颜梦霞 , 刘恩峰 , 王晓雨 , 等 , 2024. 云贵高原西部偏远山地表层土壤重金属污染 [J/OL]. 环境科学 , DOI:10.13227/j.hjkx.202310101.

张森 , 曹莹 , 高存富 , 等 , 2024. 典型废弃锑冶炼厂土壤重金属污染特征、风险评价及来源解析 [J/OL]. 环境科学 , DOI:10.13227/j.hjkx.202310173.

赵庆令 , 李清彩 , 马龙 , 等 , 2024. 单县表层土壤重金属污染特征、健康风险及溯源解析 [J/OL]. 环境科学 , DOI:10.13227/j.hjkx.202402099.

中国环境监测总站 , 1990. 中国土壤元素背景值 [M]. 北京：中国环境科学出版社 : 329-380.

周蓓蓓 , 李文倩 , 郭江 , 等 , 2024. 安徽矾矿土壤重金属污染源解析模型对比与优选 [J]. 农业工程学报 ,40(3):321-327.

Hakanson L, 1980. An ecological risk index for aquatic pollution control: a sedimentological approach[J]. Water Research, 14(8): 975-1001.

Liu H, Wang H, Zhang Y, et al, 2018. Risk assessment, spatial distribution, and source apportionment of heavy metals in Chinese surface soils from a typically tobacco cultivated area[J]. Environmental Science and Pollution Research, 25: 16852-16863.

Liu H W, Zhang Y, Yang J S, et al, 2021. Quantitative source apportionment, risk assessment and distribution of heavy metals in agricultural soils from southern Shandong Peninsula of China[J]. Science of the Total Enviroment. 767: 144879.

Liu H W, Zhang Y, Zhou X, et al, 2017. Source identification and spatial distribution of heavy metals in tobacco-growing soils in Shandong province of China with multivariate and geostatistical analysis[J]. Environmental Science and Pollution Research, 24: 5964-5975.

Müller G, 1979. Schwermetalle in den Sedimenten des Rheins–Veränderungen seit 1971[J]. Umschau in Wissenschaft und Technik, 79 (24): 778–783.

Sutherland R A, 2000. Bed sediment–associated trace metals in an urban stream, Oahu, Hawaii[J]. Environmental Geology, 39: 611–627.

第二节
植烟土壤重金属分布研究方法

　　空间信息技术可进行空间数据的采集、测量、分析、储存、管理、显示、传播和应用等，从而对空间信息数据进行整合分析处理，因此在农业、环境保护等多个领域应用广泛。在研究土壤重金属的风险状况时，可以利用地理信息系统（Geographic Information System，GIS）绘制土壤重金属含量空间分布图或风险评价结果风险分布图，直观显示土壤环境中重金属风险的空间差异，便于相关部门针对土壤污染状况及时调整策略，甚至可以利用GIS的空间分析功能，分析重金属污染物的迁移路线，推测重金属污染物的来源。

一、空间分布

　　使用不锈钢铲从顶部耕作层（0～20 cm）收集样品。每个取样点分别收集5～10个子样，从其中采集约1.5 kg土壤并储存在自密封聚乙烯袋中。所有取样地点的地理坐标都用全球定位系统（GPS）记录下来，用Arc GIS 10.0（ESRI）和SPSS 19.0进行空间统计分析，建立原始数据的基本统计参数。将土壤样品风干后用玛瑙研钵研磨后过100目（0.15 mm）筛。在 $HNO_3 : H_2O_2 : HF = 5 : 2 : 2$（$V/V$）混合物中消化后，使用电感耦合等离子体质谱（ICP-MS）检测重金属含量。并采用Kolmogorov–Smirnov检验（K–S检验）对数据进行正态性评估。

（一）样品采集

　　山东植烟区位于山东省的中东部山地和丘陵地区，面积约为50万亩（1公顷=15亩）。在植烟区内开展系统土壤采样调查，涉及潍坊、临沂、日照、青岛、淄博、莱芜6个地市26个县市，土壤有效样点数246个，约合2 000亩一个样点，各市样点数如表2-2-1所示，采样点分布如图2-2-1所示。

表 2-2-1 山东植烟土壤样品数量

地市	县市	土壤样品（个）	地市	县市	土壤样品（个）
临沂	莒南	10		东港	3
	临沭	6		莒县	21
	沂水	20		五莲	15
	沂南	14	潍坊	临朐	9
	费县	15		青州	8
	平邑	7		昌乐	10
	蒙阴	18		高密	6
	苍山	6		诸城	21
	郯城	4		安丘	6
青岛	平度	6	淄博	淄川	7
	胶州	4		沂源	6
	胶南	13		博山	5
日照	岚山	3	莱芜	莱芜	3
总计				26	246

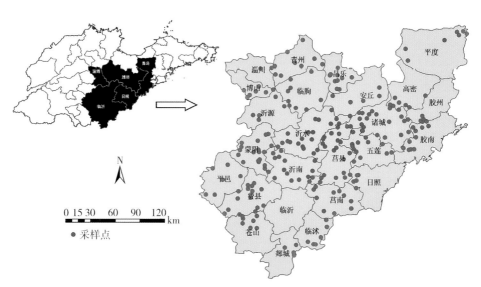

图 2-2-1 山东植烟区采样点分布

（二）含量总体状况

依照《烟草产地环境技术条件》（NY/T 852—2004），山东植烟土壤中 As、Cr 和 Pb 均基本不超标，但 Cd 和 Hg 有部分超标。从变异分布看，Hg 和

Pb 变异较大，Cd 和 Cr 变异较小。山东植烟土壤 pH 值平均值为 6.1，多为中性或酸性土壤，主要因为山东植烟土壤类型为棕壤、褐土和粗骨土，土壤重金属有效性较低。土壤有机质范围为 0.14% ～ 2.43%，说明土壤有机质含量变异不大。植烟土壤是烟草中重金属的主要来源之一。重金属作为土壤矿物成分，成土母质和成土过程对其含量的影响较大，土壤元素背景值能较好反映这种自然因素的影响。根据中国环境监测总站（1990）进行的全国土壤背景值调查，山东土壤中 As、Cd、Cr、Hg、Pb 的土壤背景值分别为 9.3、0.08、66.0、0.04、24.2 mg/kg，其中仅 Cr 背景值超过全国平均水平。通过与调查土样重金属含量数据对比发现，山东植烟土壤中 As、Cr 和 Pb 均低于土壤背景值，属清洁水平；而 Cd 和 Hg 均超过背景值，可能是人为活动造成的积累。因此，山东植烟土壤重金属研究与控制关键是 Cd 和 Hg（表 2-2-2）。

表 2-2-2　山东植烟区土壤重金属状况

统计量	pH	有机碳含量（OC）（%）	As（mg/kg）	Cd（mg/kg）	Cr（mg/kg）	Hg（mg/kg）	Pb（mg/kg）
平均值	6.12	0.93	5.10	0.11	49.49	0.08	20.20
中位值	5.72	0.87	4.00	0.09	42.62	0.02	16.23
最小值	4.33	0.17	ND	0.01	4.38	ND	4.30
最大值	8.62	2.43	30.69	0.39	446.6	2.14	327.08
标准差	1.25	0.39	4.91	0.06	40.53	0.19	23.36
变异系数（%）	20.42	41.94	96.27	54.55	81.90	237.50	115.64
峰度值	−1.09	1.49	11.46	4.29	43.19	57.88	123.84
偏度值	0.57	1.00	2.94	1.66	5.30	6.64	9.95
K-S 检测	2.46[**]	1.69[**]	2.35[**]	2.20[**]	2.44[**]	4.58[**]	2.28[**]
超标率（%）			0.81	2.03	0.81	3.25	0.41

** 表明 K-S 检测具有极显著性，符合正态分布。

（三）土壤类型差异

植烟区土壤发生学分类中，褐土性土 As 含量显著高于其他类型土壤，其他类型土壤之间差异不显著；Cd 含量褐土性土显著高于中性粗骨土，两者均与其他类型土壤无显著性差异；Cr 含量潮棕壤显著高于棕壤性土，两者均与其他类型土壤无显著性差异；Hg 含量潮褐土与棕壤和酸性粗骨土差异不显著，显著高于其他类型土壤；Pb 含量砂姜黑土显著高于其他类型土壤，其他类型土壤之间差异不显著（表 2-2-3）。

表 2-2-3　山东省植烟区土壤类型重金属差异

土壤类型	As（mg/kg）		Cd（mg/kg）		Cr（mg/kg）		Hg（mg/kg）		Pb（mg/kg）	
潮褐土	5.73	b	0.10	ab	49.47	ab	0.30	a	19.85	b
潮土	3.58	b	0.08	ab	40.34	ab	0.06	b	15.30	b
潮棕壤	3.79	b	0.09	ab	77.56	a	0.10	b	15.36	b
褐土	5.14	b	0.13	ab	56.86	ab	0.06	b	20.25	b
褐土性土	10.76	a	0.15	a	50.73	ab	0.04	b	28.98	b
基性粗骨土	5.46	b	0.10	ab	50.09	ab	0.06	b	17.29	b
淋溶褐土	5.38	b	0.11	ab	58.56	ab	0.04	b	19.95	b
砂姜黑土	7.12	ab	0.14	ab	46.02	ab	0.03	b	78.83	a
石灰性褐土	7.06	ab	0.14	ab	59.28	ab	0.09	b	18.46	b
酸性粗骨土	4.72	b	0.09	ab	44.14	ab	0.11	ab	17.63	b
酸性棕壤	4.88	b	0.11	ab	41.68	ab	0.07	b	23.17	b
中性粗骨土	3.44	b	0.08	b	44.67	ab	0.06	b	14.72	b
紫色土	4.55	b	0.11	ab	56.52	ab	0.02	b	16.51	b
棕壤	4.77	b	0.09	ab	51.82	ab	0.12	ab	14.32	b
棕壤性土	3.01	b	0.08	ab	30.54	b	0.09	b	18.11	b

表中同列相同字母表示不存在显著性差异（$p < 0.05$）。

（四）区域差异

对采自 5 个地市的样品进行方差分析（由于莱芜样品小于 5 个，因此没有列入，Ducan 法，$P < 0.05$），如图 2-2-2 所示，发现淄博土壤 As 和 Cd 含量显著高于其他 4 市，Cr 青岛显著低于日照和淄博，Hg 和 Pb 5 市之间无显著差异。

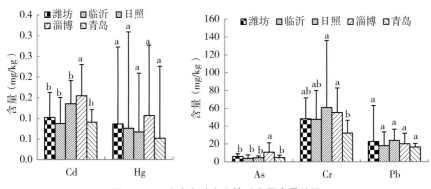

图 2-2-2　山东各地市土壤重金属含量差异

（五）风险评估

山东主要土壤类型有棕壤、褐土、潮土、砂姜黑土等，大部分区域为棕壤—褐土，包括山东半岛的低山丘陵。此区土壤重金属背景值相对较低，且土壤呈中性，土壤重金属含量一般不会超标。依据土壤环境质量标准（GB 15618—2018），山东植烟土壤 As、Cd、Cr、Hg 和 Pb 的超标率分别为 1.94%、1.16%、1.55%、4.26% 和 0.39%，由此可见，山东植烟土壤重金属污染较低（表 2-2-4）。

通过污染指数法系统评价（表 2-2-4），山东土壤重金属污染风险相对较低，96% 综合风险均在尚清洁范围内，其中 89% 以上单元素和综合评价均在清洁安全范围内，因此少量污染样品属于点源污染。所以，山东烟区应主要注意烟草生产中外源性重金属污染风险及部分产区点源污染的排查。

表 2-2-4　山东烟区土壤重金属污染指数与风险状况

统计量	单一污染指数					综合指数
	As	Cd	Cr	Hg	Pb	
平均值	0.17	0.30	0.28	0.20	0.12	0.38
最小值	0.00	0.02	0.03	0.00	0.02	0.05
最大值	1.17	1.30	2.98	7.14	2.18	5.17
清洁比例（%）	96.12	96.51	96.90	93.80	99.61	89.15
尚清洁比例（%）	1.94	2.33	1.55	1.94	0	6.98
轻污染比例（%）	1.94	1.16	1.16	2.71	0	2.33
污染比例（%）	0	0	0.39	1.55	0.39	1.55

（六）元素分布

空间分布图使用 Arc GIS 10.0 绘制，插值采用克里金法（Kriging）。

1. 砷（As）

山东烟区土壤 As 分布见图 2-2-3。山东烟区土壤样品 As 含量平均值低于山东土壤背景平均值，说明山东烟区土壤对 As 并不富集。样点 As 基本不超标，仅两个超标样点可能是随机性点状污染。分布上烟区内东部、中部和西南局部较低，而西北、东北局部地区含量较高。

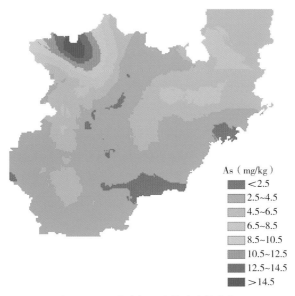

图 2-2-3 山东烟区土壤砷含量分布

2. 镉（Cd）

山东烟区土壤 Cd 分布如图 2-2-4 所示。山东烟区土壤样品 Cd 含量平均值高于山东土壤背景平均值，说明山东烟区土壤对 Cd 有一定程度的外源富集。样点 Cd 超标率为 2.0%，低于全国土壤平均水平。分布上烟区内中部和东南局部较低，而西北、中东局部地区含量较高。

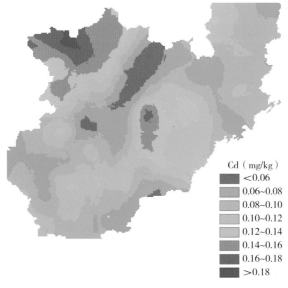

图 2-2-4 山东烟区土壤镉含量分布

3. 铬（Cr）

山东烟区土壤 Cr 分布如图 2-2-5 所示。山东烟区土壤样品 Cr 含量平均值低于山东土壤背景平均值，说明山东烟区土壤对 Cr 并不富集。样点 Cr 基本不超标，仅两个超标样点可能是随机性点状污染。分布上烟区东部沿海局部较低，而中部、西南零星地区含量较高。

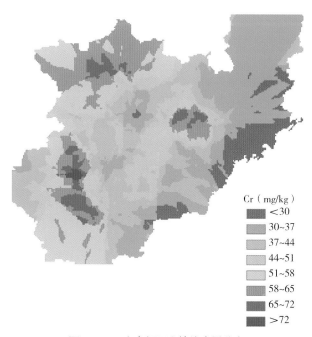

图 2-2-5 山东烟区土壤铬含量分布

4. 汞（Hg）

山东烟区土壤 Hg 分布如图 2-2-6 所示。山东烟区土壤样品 Hg 含量平均值高于山东土壤背景平均值，说明山东烟区土壤对 Hg 有一定程度的外源富集。样点 Hg 超标率为 3.3%，低于全国土壤平均水平。分布上烟区内东部、中部和西部大部分较低，而西北和西南局部地区含量较高。

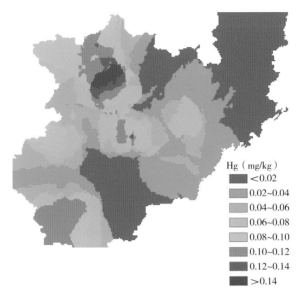

图 2-2-6　山东烟区土壤汞含量分布

5. 铅（Pb）

山东烟区土壤 Pb 分布如图 2-2-7 所示。山东烟区土壤样品 Pb 含量平均值低于山东土壤背景平均值，说明山东烟区土壤对 Pb 并不富集。样点 Pb 基本不超标，仅一个超标样点可能是随机性点状污染。分布上烟区北部、西南和南部较低，而西北和东南局部地区含量较高。

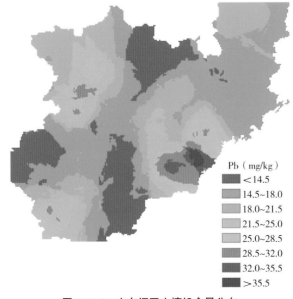

图 2-2-7　山东烟区土壤铅含量分布

二、垂直分布

剖面分层样品按土壤发生学分层采集，基本分为 Ap1–Ap2–B（x）1–B（x）2/BC–C 5 层取样，不足 5 层的剖面按实际层次采集，每层次取 1.0 kg，分拣杂物后自然风干，研磨后过筛备用。发育较好的褐土或棕壤剖面一般由 4 ～ 5 层组成，而发育不好的红壤土剖面仅由 2 ～ 3 层组成。各剖面样品除去根、叶或其他残留物后，将土壤样品风干后用玛瑙研钵研磨后通过 100 目（0.15 mm）筛，用于测定重金属。在 $HNO_3：H_2O_2：HF=5：2：2$（V/V）混合物中消化后，使用电感耦合等离子体质谱（ICP-MS）检测重金属含量。使用中国国家标准参考物质中心认证的土壤 GBW 07403（GSS–3）参考物质进行质量保证和质量控制（QA/QC）程序。若该方法的相对标准偏差（RSD）小于 5%，回收率在 ± 10% 以内，则表明该方法用于土壤重金属的检测是比较准确可靠的。

（一）土壤剖面样品采集

项目在全国主要烟区 13 个省代表植烟县进行取样调查，采集剖面样点共 261 个，各层次土壤样品共 1 004 个，涉及 42 个县市，采样区域样品数量如表 2–2–5 所示。

土壤剖面样品按土壤发生学分层采集，分为 A、B、E、C 等层次，每层次间若有明显特性的亚类，再进行一次分层取样，一般在 2 ～ 6 个层次。

表 2–2–5　植烟土壤剖面样品采集点情况

省份	县市	剖面数（个）	烟区	省份	县市	剖面数（个）	烟区
云南	江川	10	西南	湖北	兴山	5	长江中上游
	南涧	9	西南		房县	5	长江中上游
贵州	安顺	5	西南		利川	5	长江中上游
	道真	5	西南		咸丰	5	长江中上游
	德江	5	西南	重庆	彭水	5	长江中上游
	贵定	10	西南		巫山	5	长江中上游
	开阳	5	西南		武隆	5	长江中上游
	凯里	5	西南	山东	费县	5	黄淮
	盘县	5	西南		莒县	5	黄淮
	黔西	5	西南		五莲	3	黄淮
	天柱	5	西南		诸城	5	黄淮

续表

省份	县市	剖面数(个)	烟区	省份	县市	剖面数(个)	烟区
	威宁	5	西南		临朐	10	黄淮
	兴仁	5	西南		蒙阴	10	黄淮
	余庆	5	西南	河南	灵宝	5	黄淮
	遵义	9	西南		襄城	10	黄淮
福建	永定	10	东南	黑龙江	宁安	5	北方
安徽	宣州	10	东南	吉林	汪清	5	北方
湖南	桂阳	12	东南	辽宁	宽甸	5	北方
	江华	8	东南	陕西	南郑	5	北方
	凤凰	5	长江中上游		旬阳	5	北方
	靖州	5	长江中上游				
	桑植	5	长江中上游				
合计				13	42	261	

（二）土壤剖面重金属垂直分布

五大烟区每区选择 3 个代表性剖面，对土壤重金属垂直分布进行初步了解。为方便对 5 种重金属含量数据分布趋势有更直观的展现，采用地积累指数（I_{geo}）对重金属含量进行统一化处理。

地积累指数通过与元素背景值（表 2-2-6）的对比，反映重金属分布的自然变化特征，亦可以判别人为活动对环境的影响，反映土壤中重金属富集程度，是区分人为影响的重要参数。如图 2-2-8 至图 2-2-12 所示，5 种重金属在土壤剖面中的变化趋势基本一致，说明母质等共同来源对重金属在剖面中分布有显著影响。从变化趋势上，不少剖面土壤重金属存在先降低后于表面富集的现象，或中间还有一次富集后降低再在表面富集，可富集后表层有所降低。这种剖面土壤重金属的变化特征反映了土壤母质与环境双重制约的协调。

表 2-2-6　植烟省土壤元素背景值

省份	As（mg/kg）	Cd（mg/kg）	Cr（mg/kg）	Hg（mg/kg）	Pb（mg/kg）
云南	18.40	0.218	65.20	0.058	40.60
贵州	20.00	0.659	95.90	0.110	35.20
福建	6.30	0.074	44.00	0.093	41.30

续表

省份	As（mg/kg）	Cd（mg/kg）	Cr（mg/kg）	Hg（mg/kg）	Pb（mg/kg）
安徽	9.00	0.097	66.50	0.033	26.60
湖南	15.70	0.126	71.40	0.116	29.70
湖北	12.30	0.172	86.00	0.080	26.70
重庆[a]	10.40	0.079	79.00	0.061	30.90
山东	9.30	0.084	66.00	0.019	25.80
河南	11.40	0.074	63.80	0.034	19.60
辽宁	8.80	0.108	57.90	0.037	21.40
吉林	8.00	0.099	46.70	0.037	28.80
陕西	11.10	0.094	62.50	0.030	21.40
黑龙江	7.30	0.086	58.60	0.037	24.20

a：因土壤调查时，重庆尚未成立直辖市，因此其土壤元素背景值数据采用四川省值。

本研究还发现，植烟土壤 pH 值随土层由深到浅基本存在下降趋势，而有机质处于上升趋势。土壤深层中重金属是母质层矿物的组成成分，随着土层上升，土壤在成土过程中外来成分特别是重金属含量较少的有机成分增加，这种稀释作用使得犁底层中的重金属含量有所下降。在土壤表层，虽然有机物等成分较犁底层还有所增加，然而近几十年工业和城市化发展造成的大气沉降及肥料等生产材料中重金属也不断添加到土壤中，同全国其他农田一样，植烟土壤重金属于表层也存在积聚现象。

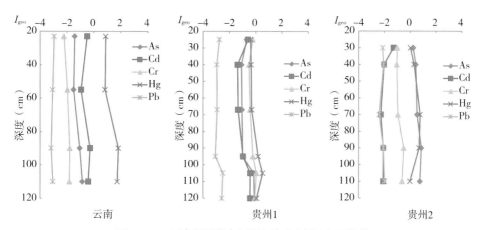

图 2-2-8　西南烟区代表剖面土壤重金属地积累指数

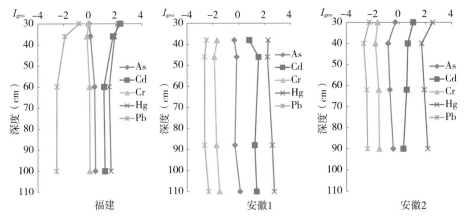

图 2-2-9　东南烟区代表剖面土壤重金属地积累指数

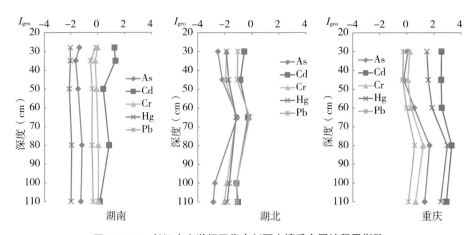

图 2-2-10　长江中上游烟区代表剖面土壤重金属地积累指数

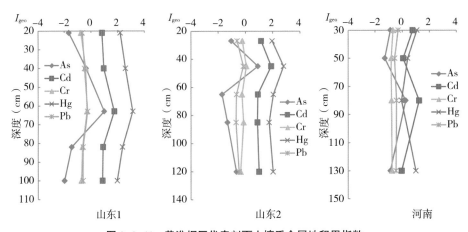

图 2-2-11　黄淮烟区代表剖面土壤重金属地积累指数

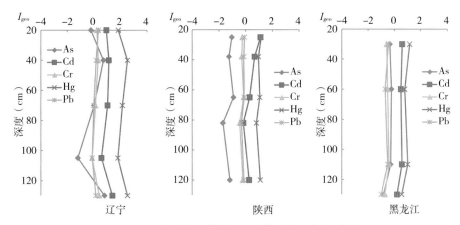

图 2-2-12　北方烟区代表剖面土壤重金属地积累指数

　　总之，应用 GIS 等空间信息技术对重金属空间或垂直分布进行直观展示，更有利于发现规律，辅助相关指导策略的调整。

第三节
植烟土壤重金属来源解析方法及应用

土壤重金属的来源解析可揭示不同来源的特征和贡献，从而可采取适当针对性的措施来减少对土壤的人为金属输入。许多方法已被用于定性或定量地分配农业土壤中重金属的来源，如主成分分析（PCA）、聚类分析（CA）和相关性分析通常用于定性识别土壤中元素的来源。受体模型，如正矩阵因子分解（PMF）、绝对主成分得分多元线性回归和化学质量平衡也用于定量来源分配。通过模型进行分类后，还需要通过文献或经验对各个组别对应的来源进行识别，通常农业土壤中重金属的主要外部来源是灌溉水、石化工业、大气沉降以及过量使用的农用化学品和肥料，而工业和城市土壤中的重金属主要来源是工业作业、汽车尾气、采矿和冶炼等。

一、进出平衡法

（一）方法与原理

1. 进出平衡

从宏观角度关注我国烟叶生产中重金属输入和植株带出量，在此基础上计算全国烟田重金属进出平衡情况。烟叶生产体系中重金属的输入途径主要考虑化肥、有机肥和灌溉 3 项，输出主要考虑作物收获带出 1 项。计算方法：

$$A = \sum_{\mathrm{I}} - \sum_{\mathrm{O}} = (I_o + I_f + I_p + I_w + I_a) - (Ot_1 + Ot_2 + Ot_3) \quad (2\text{-}3\text{-}1)$$

式中，A 为土壤中重金属元素的年净累积量 $[\mathrm{g/(hm^2 \cdot 年)}]$；$\sum_{\mathrm{I}}$ 为重金属总输入；$\sum_{\mathrm{O}}$ 为重金属总输出；I_o 为有机肥带入量；I_f 为烟草专用复合（混）肥带入量；I_p 为磷肥带入量；I_w 为灌溉水带入量；Ot_1 为烟叶带出量；Ot_2 为烟秆带出量；Ot_3 为烟草根系带出量。

2. 安全年限的计算

在现有烟叶种植管理模式下，关注我国烟田土壤重金属安全年限。重金属的输入途径主要考虑化肥、有机肥和灌溉 3 项，暂不考虑大气沉降和雨水影响，输出主要考虑作物收获带出 1 项。计算方法：

$$Y = (S\text{-}X)/a \quad (2\text{-}3\text{-}2)$$

式中，Y 为农田土壤重金属安全年限（年）；S 为土壤环境质量二级标准（mg/kg）；X 为目前土壤中重金属含量（mg/kg）；a 为每千克土壤重金属元素的年净累积量 [mg/（kg·年）]。

注：$a=A/2\,300$，其中，A– 每公顷土壤重金属元素的年净累积 [g/（hm²·年）]。具体计算如下：

按照耕层厚度为 20 cm，土壤容重为 1.15 g/cm³，则：

$a=（A×10^3）mg/[（10^4×10\,000\ cm^2×20\ cm×1.15\ g/cm^3×10^{-3}）kg·年]$

因此：$a=A/2\,300$

（二）土壤重金属来源比例分析

由于含重金属的农药早已在烟草生产中禁用，除了成土母质和成土过程中的内源因素，土壤外源重金属来源主要包括有机肥、复合肥、磷肥、钾肥、灌溉水和大气沉降。

以山东产区为例，使用进出平衡法对土壤重金属外源进行分析。对山东调查烟区每年的土壤外源重金属进行估算，5 种肥料的施用量分别以 60、15、15、15 和 25 kg/亩，而灌溉量则以 15 m³/亩计算。大气沉降采用文献（Luo et al.，2009）数据。结果表明，大气沉降是土壤重金属最大的外源，包括粉尘烟气的干沉降和降水的湿沉降，占 As、Cr 和 Pb 外源总量的 80% 以上，占 Hg 外源总量的 93%，而 Cd 仅占 59.2%。肥料是植烟土壤外源重金属的另一重要因素，也是其中的可控因素；其中烟草专用肥中的 As、Cd、Cr 和 Pb 超过了 10%，磷肥中的 Cd 与 Cr、有机肥中的 Cd 和钾肥中的 Pb 都超过外源总量的 5%。调查中的灌溉水带入的重金属占外源总量一般在 3% 以下，因此，只要控制水源的污染和减少污灌，灌溉水的影响可以忽略不计（图 2–3–1）。

（三）土壤重金属净积累与进出平衡

植烟土壤中重金属流失途径主要以植物吸收移出为主，土壤渗漏、风蚀飞灰等损失途径可以忽略不计，因此，可以通过检测烟叶、茎、根重金属含量，计算由烟草带出的重金属的总量。以每亩耕层土壤 150 t 计算，可得土壤重金属总量（表 2–3–1）。每年外源 As、Cr、Hg 和 Pb 进入量均不到土壤总量的 1%，但 Cd 达到 2.8%，因此土壤中 Cd 的外源进入量远超过其他元素。这个结果与全国调查结果相一致，外源比重较大可能是我国及至全球土壤 Cd 污染日益加剧的原因之一。对于植烟土壤来说，每季由烟草移出的 Cd 的比重显著多于其他重金属，所以，植烟土壤中 Cd 的年度积累量应该少于其他类型农田的增加量。

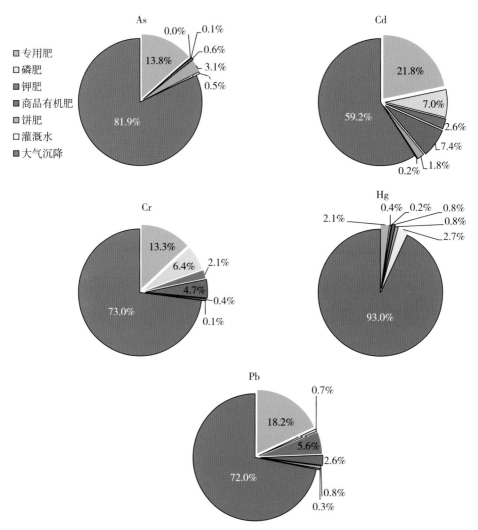

图 2-3-1　山东植烟土壤外源重金属的来源及其比重

（大气沉降数据引自 Luo et al.，2009）

表 2-3-1　烟草生产季植烟土壤中重金属进出平衡

项目	As	Cd	Cr	Hg	Pb
土壤总量（g/ 亩）	764.98	15.80	7 423.40	11.52	3 029.40
每年外源进入（g/ 亩）	2.28	0.45	5.57	0.10	18.71
每年烟草移出（g/ 亩）	0.06	0.25	0.31	0.01	0.57
每年土壤净积累量（g/ 亩）	2.22	0.20	5.26	0.09	18.13
外源比例（%）	0.30	2.85	0.08	0.87	0.62
净积累比例（%）	0.29	1.27	0.07	0.76	0.60

通过对土壤产地重金属收支情况的分析，对于重金属源头控制的手段，主要是控制灌溉水源的污染和肥料中重金属的含量，特别是专用肥、有机肥和磷肥。

土壤类型和土壤利用方式是影响土壤重金属含量的主要因素，究其原因，前者是土壤重金属的自然来源——成土母岩母质和成土过程的反映，后者则是土壤重金属差异产生的人为因素。山东作为传统烟区，数十年来，烟区肥料、农药等农用物资由当地相关主管部门统一采购，施用方式和用量也根据生产规范进行，所以，植烟土壤人为影响在区域内造成的变异要远小于其他农业利用类型，因此使得自然因素的影响更显得突出。各地也可以同样进行农资的调查，计算重金属外源比例情况，以确定本地应该着重控制的重金属元素。

二、主成分和聚类分析法

（一）方法与原理

在土壤重金属的检测分析中可以获得大量的有效数据，为更好地分析各重金属含量之间的关系并进行污染溯源研究，需要借助数学模型对结果及变量进行更好地相关性研究。在很多情形下，许多变量之间也可能存在相关性，从而增加了问题分析的复杂性。如果对每个重金属指标及影响因素单独分析，结果往往是孤立的，不能完全利用数据中的信息，因此，盲目减少指标会损失很多有用的信息，从而产生错误的结论。因此需要找到一种合理的方法，在减少需要分析指标的同时，尽量减少原指标包含信息的损失，以达到对所收集数据进行全面分析的目的。由于各变量之间存在一定的相关关系，因此，可以考虑将关系紧密的变量变成尽可能少的新变量，使这些新变量是两两不相关的，那么就可以用较少的综合指标分别代表存在于各个变量中的各类信息。降维是一种对高维度特征数据预处理方法，将高维度的数据保留下最重要的一些特征，尽量减少相关性信息数据的损失，在此范围内去除噪声和不重要的特征，从而实现提升数据处理速度的目的。主成分分析与因子分析就属于这类降维算法。

主成分分析方法（Principal Component Analysis，PCA），是一种使用最广泛的数据降维算法。PCA 的主要思想是将原有的重金属种类 – 含量指标（n 维特征）映射到自然气候变化、大气沉降、人工活动等变量（k 维特征）上，作为在原有 n 维特征的基础上重新构造出来的 k 维特征。PCA 的工作就是从原始的空间中顺序地找一组相互正交的坐标轴，新的坐标轴的选择与数据本身是密切相关的。其中，第一个新坐标轴选择是原始数据中方差最大的方向，第二个新坐标轴选取是与第一个坐标轴正交的平面中使得方差最大的，第三个轴是与第 1、2 个轴正交的平面中方差最大的。以此类推，可以得到 n 个这样的坐标轴。通过这种方式获得新的坐标轴，我们发现，大部分方差都包含在前面 k 个坐标轴中，后面的坐标轴所含的方差几乎为 0。于是，我们可以忽略余下的坐标轴，只保留前面 k 个含有绝大部分方差的坐标轴。事实上，这相当于只保留包含绝大部分方差的维度特征，而忽略包含方差几乎为 0 的特征维度，实现对数据特征的降维处理。

聚类分析是指将数据对象的集合分组为由类似的对象组成的多个类的分析过程。聚类（Clustering，CA）就是一种寻找数据之间内在结构的技术。聚类把全体数据实例组织成一些相似组，而这些相似组被称作簇，在重金属评价实践中同簇往往意味着具有某个维度的相同变量。数据之间的相似性是通过定义一个距离或者相似性系数来判别的。应用在数据预处理过程中，对于复杂结构的多维数据可以通过聚类分析的方法对数据进行聚集，使复杂结构数据标准化。目前存在大量的聚类算法，算法的选择取决于数据的类型、聚类的目的和具体应用。聚类算法主要分为五大类：基于划分的聚类方法、基于层次的聚类方法、基于密度的聚类方法、基于网格的聚类方法和基于模型的聚类方法。在土壤重金属风险评估实践中，基于模型的聚类方法是常用类型。

基于模型的聚类方法是试图优化给定的数据和某些数学模型之间的适应性的。该方法给每一个簇假定了一个模型，然后寻找数据对给定模型的最佳拟合。假定的模型可能是代表数据对象在空间分布情况的密度函数或者其他函数。这种方法的基本原理就是假定目标数据集是由一系列潜在的概率分布所决定的。在基于模型的聚类方法中，簇的数目是基于标准的统计数字自动决定的，噪声或孤立点也是通过统计数字来分析的。

本研究 PCA 和 CA 通过使用 SPSS19.0（IBM，Armonk，NY，USA）进行分析。

（二）土壤重金属来源解析

1. 泊松相关

以山东产区为例，为方便归类和来源解析，增加 Ni、Cu、Zn 3 种重金属一起分析。重金属之间的关系可以提供有关其来源和途径的值得注意的信息。

泊松相关分析表明，计算了 8 个元素的所有可能对的皮尔逊相关系数，相关矩阵如表 2-3-2 所示。大部分重金属在浓度上呈显著正相关。以 As、Cd、Cr、Cu、Ni、Zn 为成员的每一对之间的相关性都非常显著。这些结果表明，8 种重金属中的大多数相互关联，可能有一些共同的来源。此外，未发现 Hg 与其他金属之间存在显著相关性，根据文献推断，Hg 可能是车辆交通和大气沉降的特定来源。

表 2-3-2　山东植烟土壤重金属含量泊松相关分析

重金属	As	Cd	Cr	Cu	Hg	Ni	Pb	Zn
As	1							
Cd	0.624**	1						
Cr	0.169**	0.184**	1					
Cu	0.476**	0.459**	0.375**	1				
Hg	0.018	0.110	0.017	0.103	1			
Ni	0.240**	0.230**	0.891**	0.545**	0.024	1		
Pb	0.289**	0.284**	0.038	0.136*	0.018	0.056	1	
Zn	0.470**	0.535**	0.276**	0.551**	0.116	0.410**	0.249**	1

* 表示相关分析显著性差异，** 表示相关分析极显著性差异。

2. 主成分分析

主成分分析法使用 Varimax 旋转进行分析，该旋转通过最小化每个成分上高负载的变量数量来促进结果的解释。Kaiser-Meyer-Olkin（KMO）检验的结果为 0.69，Bartlett 检验的结果达极显著水平（$P < 0.01$），表明山东烟区土壤中的重金属含量可以采用 PCA 分析以减少因子数量。旋转后的成分矩阵如表 2-3-3 所示，3 种主要成分的矩阵也如图 2-3-2 所示。结果表明，主成分分析将数据集的初始范围缩小为 3 种成分，解释了数据中 72.08% 的变异。旋转成分矩阵表明，第一组分（PC1）主要由 As、Cd、Cu、Pb 和 Zn 组成；第二组分（PC2）主要由 Cr 和 Ni 组成，第三组分（PC3）仅由 Hg 组成。

表 2-3-3　山东植烟土壤重金属含量主成分分析矩阵

重金属	旋转成分矩阵		
	PC1	PC2	PC3
As	0.814	0.137	−0.019
Cd	0.814	0.135	0.129

重金属	旋转成分矩阵		
	PC1	PC2	PC3
Cr	0.027	0.934	−0.031
Cu	0.552	0.542	0.161
Hg	0.025	−0.009	0.974
Ni	0.139	0.959	0.001
Pb	0.587	−0.118	−0.149
Zn	0.680	0.357	0.172
方差解释（%）	40.640	18.850	12.580
积累方差解释（%）	40.640	59.490	72.080

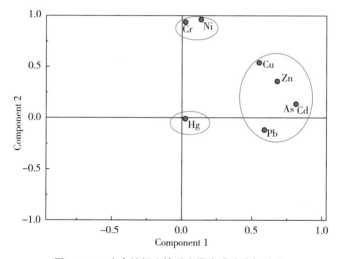

图 2-3-2 山东植烟土壤重金属主成分分析结果

第一个成分，解释了总方差的 40.64%，As、Cd 和 Zn 具有较高的荷载，Cu 和 Pb 也有中等荷载。这一成分可能与长期农业耕作等人为影响有关，如施用肥料和农药，Cd 的主要来源之一是肥料，有文献认为农业土壤中 Cd 的积累可能是施用高 Cd 含量磷肥的结果。长期使用杀虫剂和杀菌剂也是土壤中 As 和 Cu 的来源之一。在上面土壤重金属外源估算分析中，也提出烟草专用肥和有机肥是土壤重金属的重要外源之一。

第二个成分，解释了总方差的 18.85%，Cr 和 Ni 有高荷载，Cu 有中荷载。这一成分通常解释为母岩母质等自然因素。因为 Ni 和 Cr 被认为是污染最少的元素，因此被认为是自然影响的指标。

第三个成分，主要是 Hg，解释了总方差的 12.58%，也是人为因素，可能与工业和汽车交通有关，最终与大气沉降有关。山东拥有丰富的矿产资源，包括钴、铁、金、铜、铅、锌、钼、煤、石灰石等。采矿活动会通过空气运动和大气沉降直接或间接污染土壤。据文献报道，我国约 38% 的汞来自煤炭燃烧，45% 来自有色金属冶炼。

3. 聚类分析

聚类分析通常与主成分分析相结合，以确认结果并对变量进行分组。分级聚类采用 Ward 法，见图 2-3-3。结果也是分成 3 组：组Ⅰ包括 Cr 和 Ni；组Ⅱ包括 As、Cd、Cu、Pb、Zn；组Ⅲ仅有 Hg。因此，CA 的结果与 PCA 的结果非常吻合，表明山东烟草土壤中至少有 3 种不同的重金属来源，根据文献推断为母质、农业活动和大气沉降。

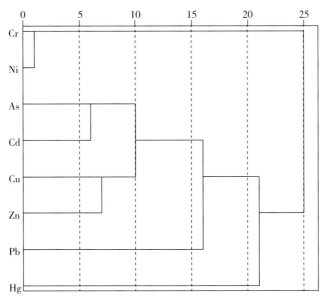

图 2-3-3　山东植烟土壤重金属聚类分析结果

三、正定矩阵因子模型法

（一）方法与原理

正定矩阵因子（PMF）模型原理基于最小二乘法进行迭代运算，主要利用相关矩阵和协方差矩阵对高维变量进行简化，对因子分解矩阵进行非负约束，目标是解决所测的物质浓度和来源之间的化学质量平衡。此方法对源谱信息的依赖性较低，能够准确解析出污染物的来源、个数及其贡献率，是较为合理的源解析模型，最初被应用于大气颗粒物的源解析，近年来被应用于水体、沉积物和土壤中污染物的源解析（Liu et al.，2021）。

正定矩阵因子分解模型（PMF）作为一种受体模型和多因子变量分析工具，将一个特定样本数据矩阵分解为两个矩阵（贡献因子和因子分布）。基于线性增加的假设，即这些重金属元素的浓度由不同来源因素的影响线性相加，PMF 模型通过求解以下化学质量平衡方程来分配它们的贡献：

$$x_{ij} = \sum_{k=1}^{p} g_{ik} f_{kj} + e_{ij} \qquad （2-3-3）$$

式中，x_{ij} 为土壤样品 i 中重金属 j 的浓度（mg/kg）；p 为污染源因子个数；g_{ik} 为源因子 k 对土壤样品 i 的贡献；f_{kj} 为源因子 k 中重金属 i 的浓度（mg/kg）；e_{ij} 为每个样品的残差（mg/kg）。为了得到源贡献和轮廓，PMF 模型必须最小化目标函数 Q：

$$Q = \sum_{i=1}^{n} \sum_{j=1}^{m} \left(\frac{e_{ij}}{u_{ij}} \right)^2 \qquad （2-3-4）$$

式中，m 是研究的重金属数量；n 是土壤样本数量；u_{ij} 是土壤样本 i 中重金属 j 的不确定度，计算方式如下：

$$u_{ij} = \sqrt{\left(\sigma \times x_{ij} \right)^2 + \left(0.5 \times MDL \right)^2} \qquad （2-3-5）$$

式中，σ 是误差分数；MDL 是方法检测限。

PMF 模型分析使用美国环保署开发的分析工具 EPA PMF（ver. 5.0，Washington DC，USA）。

（二）土壤重金属来源解析

采用 PMF 模型进行源解析，因土壤重金属来源解析属于未知源成分谱的解析，需设置适当的因子数，因为因子数设置不适合解析结果会产生误差。因此，经过多次运行调试，最终来源因素数量确定为 4 个，Pb 的类别设定为弱，其他 7 种元素类别设定为强。进行 20 次迭代运算，得到最小的 Q 值，且所有残数值均在 –3 ~ 3，As、Cd、Cr、Cu、Hg、Ni 和 Zn 的 R^2 均大于 0.75，其中 Cr、Hg、Ni 的 R^2 均大于 0.9，说明 PMF 模型对土壤重金属源解析整体效果较好。

重金属来源的比例见图 2-3-4。来源途径一：Hg 基本全部来源于此，其他重金属来源于此均不超过 6%。在土壤来源解析时，文献表明 Hg 经常单独被归为一组，也表明以 Hg 的重要来源为沉降。结合山东矿产资源与燃煤情况，确定此来源为大气沉降。

来源途径二：As 主要是此来源，占所有来源的 94.6%。另外，Cd 和 Pb 此来源占比也最高，均超过一半。与 Cr、Hg、Ni 相同，烟用肥料中 As 含量一般低于土壤元素背景值，而含 As 类剧毒农药在数十年前已被在烟草中禁用，所以来源途径二不会是农业来源，因此被认定为工业活动来源。As 经常以伴随元素的方式存在于多种金属矿中，因此，矿产开采与工业冶炼均可能

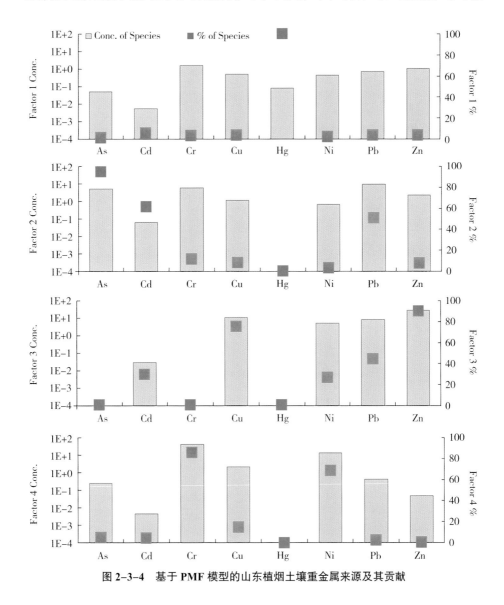

图 2-3-4　基于 PMF 模型的山东植烟土壤重金属来源及其贡献

造成土壤的 As 污染。

来源途径三：Cu、Zn 主要是此来源，分别占元素所有来源的 70% 以上。另外，Cd、Ni 和 Pb 在此来源途径占比也均超过了 20%。烟用肥料中 Cd、Cu、Pb 和 Zn 通常远超于土壤元素背景值，某些目前施用的农药主要成分即为 Cu 和 Zn（如硫酸铜和代森锰锌）。因此，推断这一重金属普遍来源为农业活动。

来源途径四：Cr、Ni 主要是此来源，分别占元素所有来源的 65% 以上。其他重金属除 Hg 外均有少量比例体现。通过文献判定此途径为自然来源。

山东植烟土壤重金属 PMF 模型源解析结果与 PCA 和 CA 结果相一致，将后者中人类活动分成了农业活动和工业活动两类。所以，PMF 模型结果表明，山东植烟土壤 As 主要来源于工业活动，Cd 和 Pb 主要来源于工业活动和农业活动，Cr 主要来源于成土母质等自然活动，Cu 和 Zn 主要来源于农业活动，Hg 主要来源于大气沉降，Ni 主要来源于自然活动和农业活动（图 2-3-5 和图 2-3-6）。

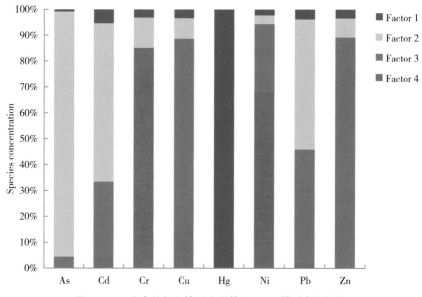

图 2-3-5　山东植烟土壤重金属基于 PMF 模型来源解析

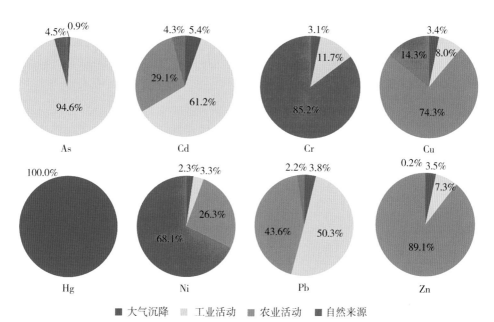

图 2-3-6 基于 PMF 模型的山东植烟土壤重金属来源及其贡献

PMF 在非负值和误差聚集方面具有优势,广泛应用于农田土壤重金属污染源的识别与解析。作为一种简单实用的污染源解析模型,PMF 不仅可识别污染源并量化不同污染源的贡献,还可单独量化每个采样点的贡献。例如,Liu 等(2021)采用 PMF 模型揭示了山东南部 5 县重金属的 4 个主要来源,其中 As 主要来源于工业活动(78.1%),Cd 主要来源于农业活动(88.7%),Hg 主要来源于燃煤(77.6%),Cr 和 Ni 主要为天然来源(分别为 72.7% 和 65.6%);农业实践和工业活动对 Cu、Pb 和 Zn 的权重相当(分别为 43.0% ~ 48.8% 和 36.3% ~ 39.3%)。单士锋等(2024)采用 PMF 技术解析了安徽省铜陵市某冶炼厂周边农田土壤重金属的来源,结果表明,矿产冶炼源、地质成因源、化工生产源是造成土壤 Cd、As、Zn、Pb 和 Cu 污染的主要来源,其贡献率达 25.3%、45.3% 和 29.4%。在马杰等(2024)的研究中,PMF 显示尾矿长期堆存所导致的矿渣伴生重金属积累(矿业源)及农药化肥施用(农业源)是重金属污染主要来源;前者对 Mn 积累的贡献率高达 81.4%,后者对 Cd 积累贡献率达到 56.6%。但是,PMF 模型下得到的因子甄别与污染源分类主要是靠现有研究和专家经验,主观性强,最终仅能得到一个粗略结果。

总之,可采用定性定量方法解析土壤重金属来源。土壤重金属是烟叶重金属的直接来源,而土壤重金属主要来源于成土母质等自然来源和工业活动、农业活动、大气沉降等外源。大气沉降与工业、矿业相关，可通过种植布局调整以减少影响；灌溉水中的重金属占比均小于 1%，主要是避免灌溉水源污染；肥料是土壤重金属外源中重要且可控的因素，植烟土壤主要是控制复合肥、有机肥和磷肥中的重金属。各地由于外源总量、土壤含量的不同，外源控制的策略也有所不同。

参考文献

单士锋, 罗传华, 丁丹, 等, 2024. 基于 PMF 模型解析安徽省铜陵市某冶炼厂周边土壤重金属来源 [J]. 地质灾害与环境保护, 35(1):117–122.

马杰, 王胜蓝, 秦启荧, 等, 2024. 基于源导向的锰矿尾矿库周边土壤重金属风险评估 [J/OL]. 环境科学, DOI:10.13227/j.hjkx.202401092.

Liu H, Wang H, Zhang Y, et al, 2018. Risk assessment, spatial distribution, and source apportionment of heavy metals in Chinese surface soils from a typically tobacco cultivated area[J]. Environmental Science and Pollution Research, 25:16852–16863.

Liu H W, Zhang Y, Yang J S, et al, 2021. Quantitative source apportionment, risk assessment and distribution of heavy metals in agricultural soils from southern Shandong Peninsula of China[J]. Science of the Total Enviroment, 767: 144879.

Liu H W, Zhang Y, Zhou X, et al, 2017. Source identification and spatial distribution of heavy metals in tobacco–growing soils in Shandong province of China with multivariate and geostatistical analysis[J]. Environmental Science and Pollution Research, 24: 5964–5975.

Luo L, Ma Y, Zhang S, et al, 2009. An inventory of trace element inputs to agricultural soils in China[J]. Journal of Environmental Management, 90:2524–2530.

第三章

烟草对重金属
的积累特性及机制

第一节
烟草对重金属镉的吸收特征

从植物本身角度来看，矿质元素经根活化、径向运输、纵向运输、韧皮部的再运输，最终在地上部分配与固定，其中根的径向运输被认为是矿质元素在植物中富集的关键过程。径向运输，即矿质元素通过质外体途径、共质体途径或跨细胞途径从根表吸收至木质部导管的过程。植物重金属吸收常用的模型有稳态模型、两箱模型、双曲动力学模型和 Logistic 回归模型等。自从 20 世纪 50 年代，Michaelis-Menten 酶促反应动力学方程（米氏方程）发展作为离子吸收动力学方程应用于植物对底物中离子吸收的动态过程，为解释植物吸收元素的机理、有效筛选和选育品种提供了动力学基础，在植物矿物质营养、重金属吸收等方面都得到很好发展。

一、镉（Cd）吸收动力学特征

（一）Cd 吸收的时间动力学特征

水培试验，1/4 霍格兰营养液培养。溶液 Cd 浓度为 2 mg/L，以分析纯醋酸镉配制。结果表明，烟草对 Cd 的吸收量随着时间先升高后平衡（图 3-1-1），

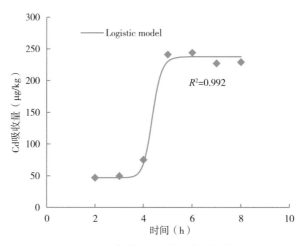

图 3-1-1　烟草对镉的吸收量与时间的关系

在 5 h 升高到 240 μg/kg 左右趋于稳定。因此，前 5 h 可能是烟苗对 Cd 的敏感时期，此时烟苗大量地吸收 Cd，在处理烟苗的 5～8 h，烟苗每小时对 Cd 的吸收量保持稳定，方差分析表明处理间差异不显著，说明此时烟苗对 Cd 的吸收趋于饱和。烟草 Cd 整体吸收动力学符合生长曲线，如 Logistic 方程，相关系数 R^2 超过 0.99。

（二）Cd 吸收的浓度动力学特征

采用盆栽试验，试验地点为中国农业科学院烟草研究所青岛试验基地。供试土壤为棕壤，Cd 含量为 0.23 mg/kg，供试烟草品种有中烟 100（ZY100）、K326。每品种设 5 个土壤 Cd 添加水平，即 0、0.6、3.0、9.0 和 27.0 mg/kg。平顶期分根、茎、叶收获检测。

采用水培试验，1/4 霍格兰营养液培养。溶液 Cd 浓度为 5、10、20、50、100 μmol/L，烟草品种采用中烟 100、K326。每种处理的植株在根冠结合处上方约 3.0 cm 处使用锋利的刀片去顶。用蒸馏水快速冲洗根部切口，并用吸水纸去除汁液中的破碎细胞。然后用含有一小块棉花的 1.5 mL 离心管覆盖根残端。收集管中流出的汁液 16 h。称量收集的汁液量，并通过 ICP-MS 检测木质部汁液中的 Cd。

烟草 Cd 吸收动力学采用米氏方程拟合，方程如下：

$$C_p = \frac{C_{max} C_s}{K_m + C_s} \qquad （3-1-1）$$

式中，C_p 是植株 Cd 含量（mg/kg）或木质部汁液 Cd 浓度（mg/L）；C_s 是土壤 Cd 含量（mg/kg）或营养液中 Cd 浓度（μmol/L）；C_{max} 是植株最大 Cd 含量（mg/kg）或木质部汁液最大 Cd 浓度（mg/L）；K_m 是植株 Cd 含量或木质部汁液 Cd 浓度达到 C_{max} 一半时候的土壤 Cd 含量或营养液 Cd 浓度。

结果如图 3-1-2 所示，烟草叶、茎、根 Cd 含量与土壤 Cd 含量呈显著正相关，且符合米氏动力学方程，相关系数 R^2 大于 0.95。木质部汁液 Cd 浓度也与营养液 Cd 浓度呈显著正相关，也符合米氏动力学方程，相关系数 $R^2 >$ 0.85。从米氏方程参数看出，中烟 100 根、茎、叶 Cd 的 C_{max} 均是 K326 的近 3 倍，说明中烟 100 对 Cd 的耐性和高 Cd 介质背景下 Cd 的吸收潜力均较高（表 3-1-1）。

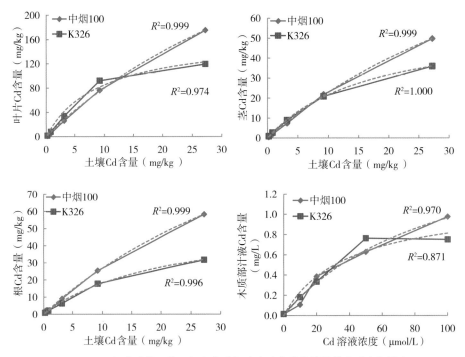

图 3-1-2　烟草叶片、茎、根和木质部汁液动力学曲线及其米氏方程拟合

表 3-1-1　烟草叶片、茎、根和木质部汁液动力学曲线米式方程拟合参数

参数	叶片（mg/kg）		茎（mg/kg）		根（mg/kg）		木质部汁液	
	中烟 100	K326	中烟 100	K326	中烟 100	K326	中烟 100	K326
C_{max}	567.43	166.07	157.51	58.17	184.01	57.49	1.91 mg/L	1.13 mg/L
K_m	60.82	9.52	58.80	16.81	58.66	21.83	97.44 μmol/L	38.70 μmol/L
R^2	0.999	0.974	0.999	1.000	0.999	0.996	0.970	0.871

二、根尖镉离子通量

普通烟草和黄花烟草具有不同的 Cd 积累能力。本研究以普通红花烟草（*Nicotiana tabacum*，中烟 100）和黄花烟草（*Nicotiana rustica*，阳高小兰花）为实验材料，将 $CdCl_2$ 添加到 Hoagland 营养液中，设置 0 μmol/L 和 50 μmol/L 两个浓度进行处理。

两种烟草品种的根和叶的 Cd 含量如图 3-1-3。普通烟草和黄花烟草的根中的 Cd 含量分别为 33 042.31 和 474.43 mg/kg，而叶片中 Cd 浓度分别为

349.76 和 179.10 mg/kg。普通烟草的根和叶中 Cd 含量分别是黄花烟草的 69.65
倍和 1.95 倍。

在本研究中，用 50 μmol/L CdCl₂ 处理 3 d 后，这两个品种在整体形态上
无显著差异。生物量通常反映植物对不利环境条件的反应，幼苗根系生长是
一种快速而广泛使用的植物毒性指标。然而，与对照组相比，Cd 处理后，普
通烟草根和叶的干重增加，然而在 50 μmol/L CdCl₂ 处理下，黄花烟草的根干
重下降，叶干重不变。

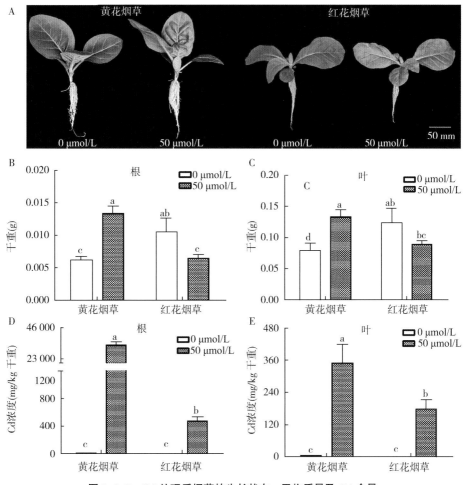

图 3-1-3　Cd 处理后烟草的生长状态、干物质量及 Cd 含量

为了解这两个烟草材料是否具有不同的 Cd 吸收能力，我们使用非损伤
微测技术（NMT）研究了 50 μmol/L 处理下根的 Cd^{2+} 通量。NMT 可以通过

使用不同的离子或分子通量微传感器来专门检测离子或分子的速度和流动。Cd^{2+} 通量微传感器是 Cd^{2+} 选择性的，并被用作研究生物系统中 Cd^{2+} 传输的研究工具。通过对距离根尖顶端 $0 \sim 2\ 000\ \mu m$ 的 8 个点的测量表明，50 μmol/L $CdCl_2$ 处理在这两个烟草材料的这个区域都引起了稳定的 Cd^{2+} 净流量。两种材料的通量速率趋势一致。图 3-1-4 表明，与根尖处的通量相比，流量先是在 200 μm 处增加，然后在 500 μm 处迅速减少，然后再次缓慢增加。根尖 500 μm 位置具有最强烈的 Cd^{2+} 通量，两个烟草材料在此点流入量存在显著差异。黄花烟草根的流入比普通烟草根高 1.32 倍 $[49.0673\ pmol/(cm^2 \cdot s)]$，这表明黄花烟草根的 Cd 吸收能力高于普通烟草。

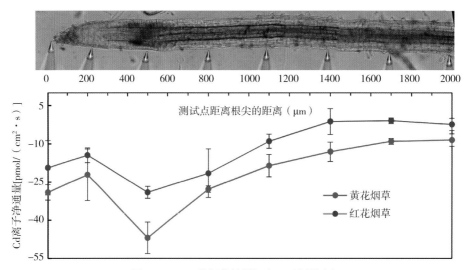

图 3-1-4　两种烟草材料根尖 Cd 流量测定

总之，烟草 Cd 吸收的时间动力学符合 Logistic 方程，具有饱和度；Cd 吸收浓度动力学符合米氏方程。烟草根尖 500 μm 位置具有最强的 Cd^{2+} 通量，应是 Cd 吸收的关键位置。烟草对不同重金属的积累速率也不同，高积累速率多出现在生长前期。因此，控制烟草积累重金属的主要措施应在其生长前期。

第二节
烟草对重金属的分配特性

重金属由植物根部吸收经木质部转运至地上部，在地上部各器官中分配和积累。人们对不同植物利用的器官不同，如粮食作物关注籽粒，水果等关注果实，叶菜与茶叶、烟草等关注叶片，根茎类蔬菜关注根或茎，因此对重金属在植物器官中的分配有不同需求，在对植物重金属分配的品种筛选上也有了不同的方向。

一、重金属在烟草不同器官中的分配

采用盆栽试验，试验地点为中国农业科学院烟草研究所青岛试验基地。供试土壤为棕壤，As、Cd、Cr、Hg 和 Pb 含量分别为 7.29、0.23、80.60、0.13 和 34.53 mg/kg，供试烟草品种有中烟 100、K326、红花大金元、云烟 85、云烟 87、NC89、翠碧 1 号、龙江 851、湘烟三号、豫烟 3 号。每盆装土 15 kg，每品种设置 3 次重复。每盆施肥 6 g N，N：P_2O_5：K_2O=1：1.5：3。按优质烤烟生产规范进行管理。平顶期收获植株，分根、茎、上部叶、中部叶、下部叶 5 部分，杀青、烘干后称重。粉碎、过筛后采用 HNO_3–H_2O_2 消解，ICP–MS 检测重金属。

植株积累量（mg）= 植株含量（mg/kg）× 生物量（g）/1000

积累百分比 = 单部分积累量（mg）/ 总积累量（mg）×100%

对盆栽试验地同一种土壤条件下种植的不同品种烟草 5 种重金属分配和转运特征进行分析。烟草器官根、茎、上中下部叶 5 种重金属的含量与转运特征如表 3–2–1。

烟草 As 含量：根＞下部叶＞中部叶＞上部叶＞茎；烟草 Cd 含量：下部叶＞中部叶＞上部叶＞茎＞根；烟草 Cr 含量：根＞下部叶＞茎＞中部叶＞上部叶；烟草 Hg 含量：下部叶＞中部叶、上部叶＞茎＞根；烟草 Pb 含量：根＞下部叶＞中部叶＞上部叶＞茎。所以，烟草对 Cd 富集在叶面，而对 As、Cr、Pb 均富集在根部，Hg 在根、茎、叶中的含量较小，差异也较小。

表 3-2-1　烟草器官重金属的含量与转运特征

重金属	统计量	根（mg/kg）	茎（mg/kg）	上部叶（mg/kg）	中部叶（mg/kg）	下部叶（mg/kg）	初级转运系数	次级转运系数	转运系数
As	平均值	0.76	0.11	0.19	0.27	0.59	0.20	3.92	0.52
	最小值	0.37	0.05	0.10	0.20	0.38	0.03	1.28	0.22
	最大值	1.63	0.28	0.39	0.39	0.87	0.76	9.90	0.98
	标准差	0.40	0.07	0.08	0.07	0.17	0.21	2.51	0.21
	变异系数（%）	52.50	61.75	39.75	25.43	29.18	104.01	64.00	41.39
Cd	平均值	0.23	0.40	1.25	2.03	3.61	1.74	5.75	9.79
	最小值	0.15	0.22	0.93	1.36	2.64	0.83	3.82	6.78
	最大值	0.28	0.58	2.03	3.32	5.07	2.16	8.19	12.77
	标准差	0.04	0.10	0.33	0.59	0.69	0.38	1.17	2.19
	变异系数（%）	18.22	25.29	26.07	28.76	18.97	22.02	20.42	22.43
Cr	平均值	4.25	1.76	1.13	1.53	3.57	0.53	1.13	0.57
	最小值	1.86	1.54	0.63	0.80	2.38	0.24	0.75	0.18
	最大值	8.84	2.12	2.20	2.19	5.34	0.87	1.81	0.92
	标准差	2.54	0.18	0.46	0.45	1.07	0.24	0.33	0.22
	变异系数（%）	59.70	10.42	40.75	29.76	29.85	45.52	29.11	38.91
Hg	平均值	0.005	0.007	0.021	0.021	0.027	1.99	3.56	6.58
	最小值	0.002	0.004	0.006	0.012	0.012	0.58	1.54	1.43
	最大值	0.011	0.010	0.060	0.034	0.040	3.35	7.62	15.87
	标准差	0.003	0.002	0.015	0.009	0.008	1.05	2.04	4.36
	变异系数（%）	0.005	0.007	0.021	0.021	0.027	52.58	57.18	66.24
Pb	平均值	2.10	0.14	0.69	0.95	1.74	0.08	7.81	0.61
	最小值	0.93	0.09	0.29	0.46	1.06	0.02	2.79	0.13
	最大值	4.60	0.24	2.75	2.36	3.61	0.11	14.71	1.44
	标准差	1.13	0.05	0.79	0.69	0.83	0.02	3.84	0.37
	变异系数（%）	53.54	36.79	114.01	72.34	47.76	31.74	49.16	60.67

二、重金属在烟草器官中的转运和积累特性

（一）转运特性

从烟草对重金属转运系数来看，初级转运系数（茎含量/根含量）Cd 和

Hg > 1，而 As、Cr 和 Pb 均 < 1，说明茎对 Cd、Hg 的富集能力较大；5 种重金属次级转运系数（叶含量 / 茎含量）均 > 1，其中 Cd 和 Pb 分别达到 5.8 和 7.8，说明烟叶对重金属特别是 Cd 和 Pb 富集能力较大；而整体转运系数（叶含量 / 根含量）Cd 和 Hg 较大，说明烟叶对 Cd 和 Hg 特别是对 Cd 富集能力较大。

（二）积累特性

结合烟草各部分生物量，可计算重金属在烟草各部分中积累量的分配特征，如图 3-2-1。由于烟叶生物量远大于茎和根生物量，因此 5 种重金属在烟草叶片上总体积累量均超过了 50%，其中 Cd 和 Hg 超过了 80%。由于烟草对 Cd 的富集系数远大于 Hg（本试验中 Cd 的富集系数，上部叶 5.45，中部叶 8.84，下部叶 15.71，而 As、Cr、Hg 和 Pb 3 个叶位富集系数均低于 0.22），且 Hg 在烟叶中的绝对含量较低，因此烟草重金属关注的重点还是 Cd。

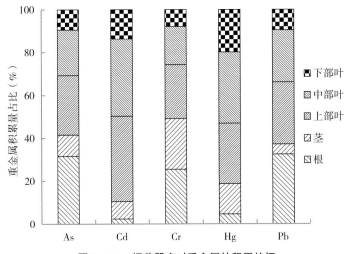

图 3-2-1　烟草器官对重金属的积累特征

总之，重金属在烟草中富集部位不同，As、Cr、Pb 在根部含量较高，而 Cd 和 Hg 在叶片含量均高；不同部位叶片，As、Cd、Cr、Hg、Pb 含量均是下部叶 > 中部叶 > 上部叶。As、Cd、Cr、Hg、Pb 总积累量的 50% 以上均在叶片中，由于烟草对 Cd 和 Hg 的转运能力较强，所以烟叶积累比例 Cd 和 Hg 远高于其他重金属，其中 Cd 接近 90%。

第三节
烟草对重金属镉吸收积累的影响因素

植物对重金属的吸收积累是多个因素综合影响的结果。最直接的是土壤重金属含量与有效性，土壤中不同重金属形态随土壤环境的变化而调整其动态平衡，故有效性也是动态变化的。土壤理化性状如 pH 值、有机质、阳离子交换量、氧化还原电位等因影响到重金属元素的有效性也会对作物产生影响。另外，肥料、灌溉水、农药施用等生产措施，也会将重金属外源性输入土壤。从作物角度来看，品种的差异也是一个重要因素。

一、土壤镉对烟草镉吸收积累的影响

（一）含量的影响

采用盆栽试验，试验地点为中国农业科学院烟草研究所青岛试验基地。供试土壤为棕壤，Cd 含量为 0.23 mg/kg，供试烟草品种为 K326。土壤 Cd 4 个添加水平，分别为 0.0、0.6、3.0、9.0 和 27.2 mg/kg。镉以乙酸镉［（CH₃COO）₂Cd］溶液形式均匀喷施入土壤中，保持 80% 土壤持水量，培养老化 60 d 后装盆。样品采集后粉碎、过筛，采用 HNO₃-H₂O₂ 消解，ICP-MS 检测重金属。

烟草叶、茎和根 Cd 含量随土壤添加后 Cd 含量的增加而增加，且呈线性相关（$R^2 > 0.82$），同时烟草的生物量却未受显著影响（图 3-3-1）。

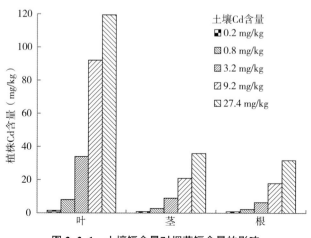

图 3-3-1　土壤镉含量对烟草镉含量的影响

（二）积累量的影响

烟草叶 Cd 积累量随土壤添加后 Cd 含量的增加先增加后降低，说明烟叶 Cd 积累量到达一定程度后，Cd 逐渐向茎和根部积累（图 3-3-2）。

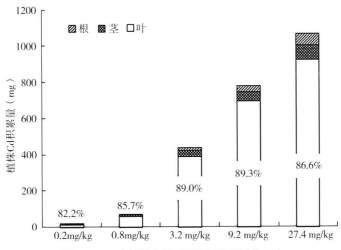

图 3-3-2 土壤镉含量对烟草镉积累量的影响

（三）富集系数的影响

烟草叶 Cd 富集系数随土壤添加后 Cd 含量的增加先增加后降低，而根富集系数随土壤 Cd 含量持续降低，说明烟草对 Cd 的富集总量有饱和度，特别是茎和根，在土壤达到一定 Cd 含量后，烟草 Cd 的富集总量增加有限，因而富集系数下降（图 3-3-3）。

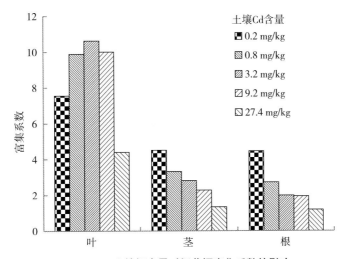

图 3-3-3 土壤镉含量对烟草镉富集系数的影响

（四）转运系数的影响

烟草叶 Cd 初级、次级和总转运系数随土壤添加后 Cd 含量的增加先增加后降低，说明尽管地上部是烟草 Cd 的富集器官，但当烟叶 Cd 吸收量达到一定值后，Cd 便会向烟草茎和根部富集，这与积累量的结果相一致（图 3-3-4）。

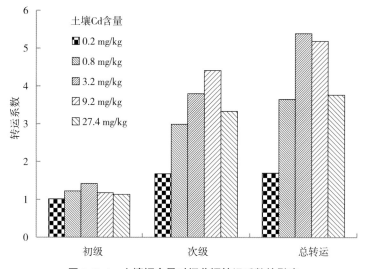

图 3-3-4　土壤镉含量对烟草镉转运系数的影响

二、土壤理化性状对烟草镉吸收积累的影响

（一）土壤酸碱度

1. 试验方法

田间小区试验，试验地点在贵州省遵义县，供试土壤为当地黄棕壤，烟草品种为南江 3 号。试验设 5 个处理，对照、施用石灰（主要成分 CaO），用量分别为 100、200 kg/ 亩，白云石粉（主要成分 $CaCO_3$ 和 $MgCO_3$），用量分别为 100、200 kg/ 亩，设置 3 个重复。试验小区规格 4.8 m×5 m，植烟行距1.2 m，株距 0.5 m。移栽后按大田生产管理，进行生育期调查、农艺性状调查、病虫害调查，记录相关农艺操作事项。试验前后采集土壤检测 pH 值，烟草成熟后采集烤后烟叶。

2. 酸碱度改变对烟叶中镉含量的影响

土壤单施用石灰与白云石粉矿物对烟草各部位 Cd 含量有明显的降低作用，平均消减率大于 25%，每亩施用 200 kg 矿物优于 100 kg 的效果，且处理对烟草中的 As、Cr、Hg 也有一定的消减作用。由于在土壤施入石灰或白云石粉，升高了土壤的 pH 值，重金属有效态含量降低，所以减少了烟草对重金属的吸收（图 3-3-5）。白云石粉的效果优于石灰，可能与白云石粉中的镁（Mg）有关系。

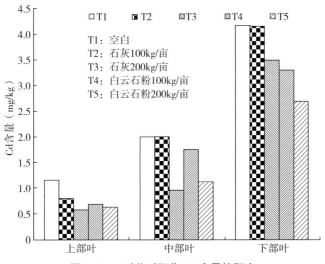

图 3-3-5　矿物对烟草 Cd 含量的影响

3. 酸碱度调整对烟叶中镉含量影响的机理

从图 3-3-6 可以看出，土壤 pH 值随石灰和白云石施用量的增加而显著增大，与不施钝化剂对照处理相比，4 个处理的土壤 pH 值分别提高了 14.54%、32.44%、16.69%、30.43%。石灰主要成分是氧化钙，能水解为碱性的 Ca（OH）$_2$，白云石富含钙、镁的碳酸盐金属化合物，它们都能增加土壤 pH 值，改良土壤。

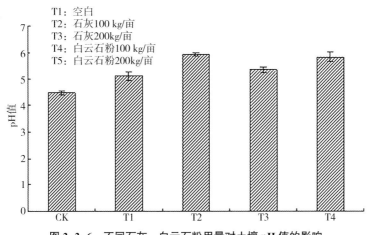

图 3-3-6　不同石灰、白云石粉用量对土壤 pH 值的影响

由图 3-3-7 可知，施加石灰和白云石粉处理中，土壤 pH 值和土壤有效态 Cd 含量都呈显著的负相关线性关系，R^2 值为 0.95。

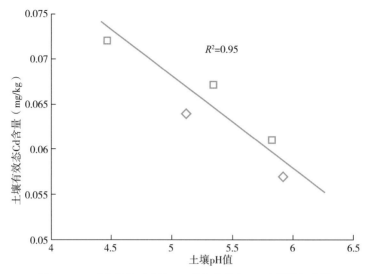

图 3-3-7　矿物施用后土壤 pH 值与有效态 Cd 含量的相关性

如图 3-3-8 所示，土壤中有效态 Cd 含量和烤后烟中 Cd 含量呈一定正相关关系。上部叶 Cd 含量与土壤有效态 Cd 含量相关系数 $R=0.9674$，中部叶 Cd 含量与土壤有效态 Cd 含量相关系数 $R=0.7299$，下部叶 Cd 含量与土壤有效态 Cd 含量相关系数 $R=0.7864$。

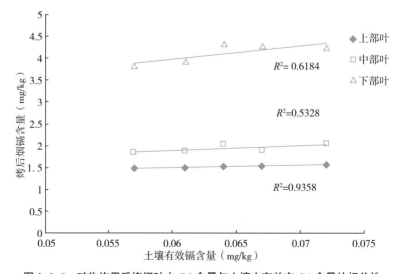

图 3-3-8　矿物施用后烤烟叶中 Cd 含量与土壤中有效态 Cd 含量的相关性

（二）土壤有机质

1.试验方法

田间小区试验，试验地点在贵州贵阳市朱昌镇。供试土壤为当地黄壤，供试烟草品种为云烟85。试验设8个处理：1个空白，2个无机肥，5个有机肥。分别为：①空白；②以硝态氮为主的氮肥；③以铵态氮为主的氮肥；④油枯；⑤商品牛粪；⑥蚯蚓肥；⑦稀土有机肥；⑧商品有机肥（由贵州中沃盛康生物科技有限公司提供）。

试验采用大区对比设计，8个处理，不设重复，共8个大区，2013年不施用有机肥，只施烤烟专用肥。大区面积46.8 m²（3 m×15.6 m），行距1 m，株距0.6 m，移栽密度1 100株/亩。试验四周设1 m宽走道，亩施纯氮6 kg，其中基肥施纯氮2 kg，起垄前条施，追肥施纯氮2 kg，分别在移栽后15 d和25 d在烟株旁边打洞穴施，每次追施纯氮1 kg。

2.不同有机肥对烟草生长的影响

2012年，不同处理对田间烤烟生长的影响存在一定的差异，主要表现为施用无机肥比施用有机肥的烤烟生长旺盛，而施用无机肥的3个处理间差异不大，施用有机肥的5个处理间差异不大；2013年，各个处理间烤烟生长差异不大（表3-3-1）。

表3-3-1　不同处理对烤烟栽后50 d生长的影响

年份	处理	茎高（cm）	茎围（cm）	叶片数（cm）	最大叶长宽	
					叶长（cm）	叶宽（cm）
2012	1	65.12	8.43	16.43	54.26	23.82
2013		60.24	7.35	15.67	50.23	20.15
2012	2	64.76	8.23	16.25	55.16	22.15
2013		60.64	7.21	15.82	51.09	21.05
2012	3	64.98	8.09	15.76	53.12	22.56
2013		59.87	7.55	15.12	50.49	20.04
2012	4	54.16	7.45	14.65	44.58	21.14
2013		61.02	7.04	15.18	51.22	19.78
2012	5	55.43	7.34	15.24	43.46	20.24
2013		60.74	6.98	14.94	50.01	19.37
2012	6	54.54	7.78	15.43	45.27	20.17
2013		61.38	7.49	16.13	52.07	21.13

续表

年份	处理	茎高（cm）	茎围（cm）	叶片数（cm）	最大叶长宽	
					叶长（cm）	叶宽（cm）
2012	7	54.02	7.71	15.01	48.13	20.53
2013		60.64	7.38	15.92	50.38	20.73
2012	8	55.45	7.65	14.24	46.64	21.44
2013		61.07	7.20	15.19	51.90	21.02

3. 不同有机肥对 Cd 吸收的影响

施用有机肥当季对烟叶 Cd 含量的降低作用较为明显，降低幅度在 15.59% ～ 33.28%，降低效果以蚯蚓肥、油枯和商品有机肥最好；两种无机肥（以硝态氮为主的氮肥、以铵态氮为主的氮肥）也分别有 19% 和 18% 的降幅。在同一小区内种植烟叶，2013 年各处理的烟叶 Cd 含量比 2012 年高，这可能是年度间气候条件不一致所致。施用 5 种有机肥，除施用商品牛粪的后效无降低作用外，其余 4 种有机肥的后效仍有一定的降低作用，降低作用在 0.92% ～ 16.82%，比 2012 当季降低作用下降了 15% ～ 32%。从第二季（2013年）后续效果看，对烟叶 Cd 含量后效降低效果较为明显的前 3 个处理依次为施用商品有机肥、稀土有机肥和油枯，以铵态氮为主的氮肥仍有 13% 的降低作用，而以硝态氮为主的氮肥后效消失（图 3-3-9）。

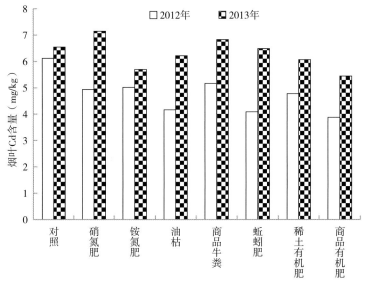

图 3-3-9　施用有机肥对烟叶 Cd 含量的影响

施用以硝态氮为主的氮肥和以铵态氮为主的氮肥，当季均有一定的降低作用，第二季的后效作用可能因铵态氮与 Cd 同属阳离子型，才导致施用以铵态氮为主的氮肥仍有 18% 的降低作用。但烟叶生产上，要求施用硝态氮的比例应大于铵态氮的比例，这样利于烟叶品质的提高。因此，此次试验只能说明施用铵态氮能降低烟叶 Cd 含量，而其应用意义有待于进一步研究。

有机肥对土壤的影响因素较为复杂，一方面有机肥本身含有重金属元素，而且含有的有机小分子可能增加土壤中重金属的溶解；另一方面有机肥中含有的巯基类和有机大分子对土壤重金属有络合固定作用，含有的锌和磷对重金属的吸收可能有拮抗作用，微生物的发酵作用也可能有间接影响。

三、烟草镉影响因素关系模型的建立

（一）试验方法

盆栽试验，试验地点为中国农业科学院作物科学研究所温室。根据我国土壤分布规律，选择全国范围内 15 个位点的典型土壤，土壤性质如表 3-3-2。15 种不同性质的土壤样品，外源添加 Cd 浓度为 0、1.0、2.0 mg/kg，每个处理设置 4 次重复，总计 180 盆，采用二因素完全随机设计。供试烟草品种为 NC89。取风干土壤样品 1.0 kg 于植物生长盆中，添加相应浓度的外源镉 [Cd (NO$_3$)$_2$ · 4H$_2$O] 混匀，70% 田间持水量平衡老化 3 个月后，烟苗移栽种植。种植前每盆施加纯氮 0.2 g，并按照 K : P$_2$O$_5$: K$_2$O = 1 : 1 : 2 比例施加磷、钾肥。试验过程土壤含水量保持在田间最大持水量的 60% ~ 70%，42 d 后收获烟草地上部分，处理检测。土壤 pH 值和电导率（EC）在水土比为 1 : 5 条件下测定；阳离子交换量（CEC）使用非缓冲的硫脲银方法测定；总碳（TOC）含量采用高温燃烧法测定，无机碳含量使用 Pressure-Calcimeter 法测定，有机碳含量（OC）通过总碳与无机碳含量之差获得；土壤质地通过沉降法测定。

表 3-3-2　土壤样品的基本理化性质

位点	土壤类型	pH 值	阳离子交换量（cmol$^+$/kg）	电导率（μS/cm）	总碳（g/kg）	有机碳（g/kg）	碳酸钙（g/kg）	黏粒含量（g/kg）
海口	砖红壤	4.93	8.75	111.0	15.10	15.10	—	661
祁阳	红壤	5.31	7.47	74.1	8.70	8.70	—	461
海伦	黑土	6.56	33.6	153.0	30.30	30.30	—	404

位点	土壤类型	pH 值	阳离子交换量（cmol$^+$/kg）	电导率（μS/cm）	总碳（g/kg）	有机碳（g/kg）	碳酸钙（g/kg）	黏粒含量（g/kg）
杭州	水稻土	6.80	12.80	203.0	24.60	24.60	—	389
重庆	紫色土	7.12	22.30	71.0	9.88	9.88	—	273
广州	水稻土	7.27	8.30	137.0	14.90	14.70	1.5	253
灵山	棕壤	7.48	22.70	92.5	48.00	42.80	42.7	199
呼伦贝尔	黑钙土	7.66	22.70	888.0	26.90	26.60	2.7	371
公主岭	黑土	7.82	28.80	147.0	21.90	21.70	2.7	446
石家庄	褐土	8.19	11.70	302.0	14.60	10.00	38.4	214
杨凌	垆土	8.83	8.46	83.2	16.90	6.18	89.2	275
廊坊	潮土	8.84	6.36	5.7	8.94	6.03	24.2	101
郑州	潮土	8.86	8.50	109.0	15.90	15.70	1.5	163
张掖	灌漠土	8.86	8.08	152.0	19.50	10.20	77.5	196
德州	潮土	8.90	8.33	112.0	14.30	6.92	61.7	176

植物富集系数（CF）定义为植物体内污染物浓度与相应的土壤中污染物浓度的比值。其表达式为：

$$CF = W_{plant} / W_{soil}$$

式中，W_{plant} 为植物中污染物浓度；W_{soil} 为相应的土壤污染物浓度。由于本试验为外源添加镉污染试验，因此本文运用两种富集系数的计算方法进行表示：

$$CF_{total} = Tobacco_{total} / Soil_{total}$$

$$CF_{added} = (Tobacco_{total} - Tobacco_{control}) / (Soil_{total} - Soil_{control})$$

式中，CF_{total} 为烟草对土壤中全部镉吸收的富集系数；CF_{added} 为烟草对土壤中外源添加镉吸收的富集系数。$Tobacco_{control}$ 和 $Soil_{control}$ 分别为 0 mg/kg 处理的烟草和土壤镉浓度；$Tobacco_{total}$ 和 $Soil_{total}$ 分别为 1 mg/kg 和 2 mg/kg 处理的烟草和土壤镉浓度。

（二）试验模型的建立

1. 不同土壤烟草镉富集系数差异

表 3-3-3 分别计算了不同外源镉浓度土培烟草镉的富集系数。结果表明，各地土壤 1 mg/kg 和 2 mg/kg 处理的 CF_{total} 较对照处理均有不同程度提高，而 1 mg/kg 和 2 mg/kg 处理间 CF_{total} 不存在显著差异。海口和祁阳两地土

壤各处理的 CF_{total} 均显著高于其他地区，可能是两地土壤 pH 值（4.93、5.31）较低所致；张掖土壤各处理的 CF_{total} 均最小，可能与该土壤 pH 值（8.86）及 $CaCO_3$ 含量（7.8%）较高有关。各地土壤 CF_{added} 的富集系数变化规律与 CF_{total} 基本一致，但每种土壤的 CF_{added} 较 CF_{total} 均有不同程度的增加。这说明外源镉添加浓度较土壤全镉更能有效地表征土壤 – 烟草系统镉吸收转移关系。

表 3-3-3　土壤全镉及外源镉的烟草镉富集系数比较

位点	CF_{total}						CF_{added}			
	0mg/kg	se	1mg/kg	se	2mg/kg	se	1mg/kg	se	2mg/kg	se
海口	9.11	0.73	109.00	10.08	68.80	4.76	142.00	10.09	77.80	4.77
祁阳	31.30	2.96	78.80	5.16	62.70	3.90	89.90	5.55	66.10	3.92
海伦	7.76	1.13	10.70	1.38	10.20	0.79	10.90	1.36	10.30	0.75
杭州	4.34	0.48	7.33	0.41	8.85	0.80	8.31	0.33	9.58	0.83
重庆	9.71	1.89	17.20	1.82	15.30	1.04	18.60	1.69	15.80	1.00
广州	6.73	0.11	15.40	1.09	6.64	0.99	7.83	1.53	6.63	1.18
灵山	7.98	1.11	10.90	1.22	7.24	0.52	11.50	1.07	7.19	0.56
呼伦贝尔	4.13	0.60	11.10	0.79	12.00	0.77	12.40	0.79	12.60	0.75
公主岭	7.18	0.55	6.08	0.44	7.27	0.77	5.89	0.33	7.27	0.77
石家庄	2.83	0.33	4.85	0.46	6.50	0.98	5.28	0.56	6.89	0.97
杨凌	4.03	0.30	6.17	0.93	4.70	0.56	6.53	0.91	4.76	0.56
廊坊	2.62	0.13	5.22	0.98	5.41	0.51	5.84	1.41	5.66	0.51
郑州	4.51	0.14	6.68	0.58	6.47	0.43	6.91	0.55	6.58	0.42
张掖	1.73	0.12	3.72	0.61	2.70	0.19	4.19	0.63	2.81	0.25
德州	2.85	0.48	7.77	0.11	6.13	0.98	9.69	0.12	6.59	1.07

2. 烟草镉吸收积累与土壤性质间的关系

图 3-3-10 结果表明，pH 值 < 5.5 时，烟草镉浓度与土壤镉浓度具有较强的正相关关系，因为低 pH 值条件下土壤中镉容易被烟草吸收累积；而 pH 值 > 5.5 时，烟草镉浓度与土壤镉浓度也存在正相关关系，但对数化后相关性显著提高。因此，在建立烟草镉含量与土壤性质间关系模型时，考虑将各指标（pH 值除外）对数化后再进行多元回归分析。

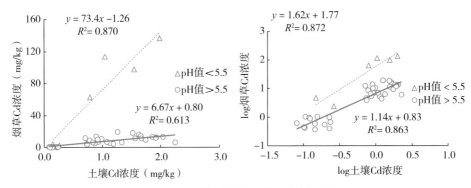

图 3-3-10　烟草镉含量与土壤镉浓度间的关系

利用对数化的烟草镉浓度、土壤性质进行多元线性回归分析，建立关系方程，并利用规划求解对方程进行优化，当方程预测烟草中镉浓度与实测烟草镉浓度之间残差平方和最小时所得到的方程即为最优方程。关系方程见表3-3-4。

表 3-3-4　烟草镉含量与土壤性质间的关系方程

	关系方程	Adj. R^2 *	P	n
1	log [Tobacco Cd] = 0.96 + 1.216log [Soil Cd]	0.687	< 0.001	45
2	log [Tobacco Cd] = 2.86 + 1.214log [Soil Cd] – 0.252pH	0.903	< 0.001	45
3	log [Tobacco Cd] = 3.04 + 1.212log [Soil Cd] – 0.270pH – 0.264log [OC]	0.911	< 0.001	45

* Adj. R^2 表示调整 R^2。

关系方程表明，烟草镉浓度与土壤镉浓度呈极显著的正相关关系，土壤镉浓度与土壤 pH 值二者可共同控制方程 90.3% 的变异，当再引入土壤有机质含量（OC）后可进一步提高方程预测能力。而阳离子交换量（CEC）、黏粒含量（Clay）等对关系方程贡献作用不大。因此，土壤镉含量直接影响烟草镉吸收，pH 值和有机质是影响烟草镉吸收的重要因素。

3. 土壤不同来源镉的关系方程比较

土壤背景镉（Soil Cd_{control}），外源添加镉（Soil Cd_{added}）以及二者共同组成的土壤全镉（Soil Cd_{total}）的有效性受土壤性质影响存在差异，因此，对不同来源镉土壤烟草镉吸收也存在差别。

利用不同来源土壤镉，分别建立烟草镉含量与土壤性质间的多元回归关系方程（表3-3-5）。结果表明，烟草镉含量与不同来源镉浓度均呈显著正相关关系，而与土壤 pH 值、有机质含量呈负相关关系，各关系方程均达到极显著水平（$P < 0.001$）。烟草镉含量与土壤外源镉（Soil Cd$_{added}$）的关系方程优于土壤全镉（Soil Cd$_{total}$）、土壤背景镉（Soil Cd$_{control}$）关系方程，表明外源镉（Soil Cd$_{added}$）有效性高，更利于预测烟草镉含量。

表 3-3-5 不同来源土壤镉的关系方程

	关系方程	Adj.R^2	P	n
4	log [Tobacco Cd] = 1.69 + 0.120log [Soil Cd$_{control}$] – 0.219pH – 0.198log [OC]	0.767	< 0.001	15
5	log [Tobacco Cd] = 3.49 + 0.647log [Soil Cd$_{added}$] – 0.311pH – 0.360log [OC]	0.864	< 0.001	30
6	log [Tobacco Cd] = 3.39 + 0.763log [Soil Cd$_{total}$] – 0.306pH – 0.372log [OC]	0.846	< 0.001	30

4. 关系方程验证

对研究所得各关系方程比较发现，方程 3 烟草镉含量预测能力最优（Adj.R^2 = 0.911）。关系方程 3 预测的烟草镉含量与实际烟草镉含量基本一致（图 3-3-11），R^2 = 0.917；95% 的预测值在 2 倍预测区间内，表明关系方程预测性较强，利用土壤性质可较好地预测烟草镉含量。

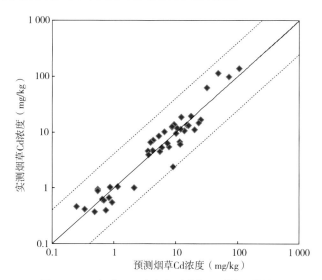

图 3-3-11 烟草 Cd 浓度实测值与预测值间的关系

因此，研究结果表明，烟草镉含量与土壤镉浓度对数化后方程预测性更强，土壤镉含量直接影响烟草镉吸收，pH 值和有机质是影响烟草镉吸收的重要因素，关系方程为：log [Tobacco Cd] = 3.041 + 1.212 log [Soil Cd] – 0.270 pH – 0.264 log [OC]。外源添加镉较土壤背景镉具有更强植物有效性，预测烟草镉含量更有效。烟草镉富集规律的土壤因子为降低土壤 – 烟草系统镉生物有效性提供理论依据；烟草镉含量关系方程可为植烟土壤镉含量分级控制基准制定提供理论基础。

（三）大田关系模型的建立及应用

1. 大田关系模型的建立

采用同试验模型建立一样的方法，利用大田数据对试验关系模型进行验证，发现91%的预测值高于真实值，因此，试验模型可预测烟叶 Cd 含量在一定土壤特性下的上限，在制定标准时参考可以保护绝大多数烟叶。

调查样品数据经过变换回归分析，建立烟草 Cd 含量与土壤 Cd 全量、有机质和 pH 值关系方程：

$$\log[\text{Leaf Cd}] = 0.950 + 0.456\log[\text{Soil Cd}] + 0.493\log[\text{OC}] - 0.120\,\text{pH}$$

$R^2=0.50$，$P < 0.001$，相关系数小于试验，表明烟草品种、肥料、灌溉水等其他生态条件也有一定的影响，因此将其他生态条件纳入进行分析或者仅对其他条件稳定的局部区域进行分析，可以得到满足要求的关系模型。使用此关系方程，将 291 个全国烟区耕层土壤样品的土壤 pH 值、Cd 全量和有机质含量代入，预测出对应 C3F 等级烟叶 Cd 范围为 0.36 ~ 10.14 mg/kg，大部分样点 Cd 含量低于 5 mg/kg，烟叶平均值为 2.59 mg/kg（图 3-3-12）。

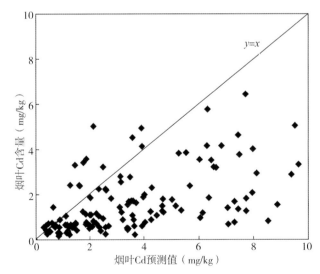

图 3-3-12 烟叶 Cd 关系模型在大田样品的应用

2. 关系模型中主要成分的相关关系

根据相关性分析，影响烟叶 Cd 含量最主要的土壤环境因素有土壤 Cd、pH 值、有机质等因素。土壤 Cd 是烟草 Cd 含量的必要条件，土壤 Cd 含量高烟草 Cd 才有高的可能性。pH 值影响土壤 Cd 的形态变化，有效态 Cd 随 pH 值的降低而升高。有机质对土壤的影响因素较为复杂，一方面有机肥本身含有重金属元素，而且含有的有机小分子可能增加土壤中重金属的溶解；另一方面有机肥中含有的巯基类和有机大分子对土壤重金属有络合固定作用，含有的锌和磷对重金属的吸收可能有拮抗作用，微生物的发酵作用也可能有间接影响。

使用软件 Surfer 8.0（Golden Software，Golden，CO，USA）绘制烟叶 Cd、土壤 Cd 和土壤 pH 值之间响应面图和等高线图如图 3-3-13 所示，土壤 Cd 含量高对应烟叶 Cd 含量并不一定高，仅仅是有高的潜力；烟叶样品 Cd 含量随 pH 值升高有降低的趋势，当 pH 值降低，土壤酸性增加，部分非有效态 Cd 被酸活化而转化成有效态，从而可被植物吸收的 Cd 增加。同样也可做出烟叶 Cd、土壤 Cd 和有机质之间响应面图和等高线图，烟叶 Cd 含量随土壤有机质升高有先升高后降低的趋势，一方面有机肥本身含有重金属元素，其含有的有机小分子可能增加土壤中重金属的溶解，另一方面含有的巯基类和有机大分子对土壤重金属有络合固定作用，含有的锌和磷对重金属的吸收可能有拮

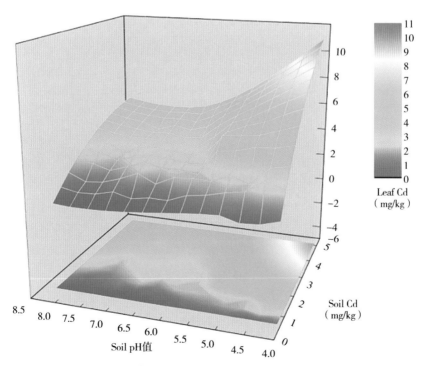

图 3-3-13　烟叶 Cd 对土壤 Cd、pH 值的响应面图和等高线图

抗作用。因此，在土壤 Cd 高水平、土壤 pH 值、重金属有机质低水平的情况下，烟叶 Cd 含量有较高的趋势。

四、烟草对镉吸收积累的品种差异

（一）研究方法

采用盆栽试验，试验地点为中国农业科学院烟草研究所青岛试验基地。供试土壤为棕壤，As、Cd、Cr、Hg 和 Pb 含量分别为 7.29、0.23、80.60、0.13 和 34.53 mg/kg，供试烟草品种有中烟 100、K326、红花大金元、云烟 85、云烟 87、NC89、翠碧 1 号、龙江 851、湘烟三号、豫烟 3 号。每品种设 3 个土壤 Cd 添加水平，即 0.0、0.6、3.0 mg/kg，共 30 个处理，每处理重复 3 次，随机排列。镉以乙酸镉 [（CH$_3$COO）$_2$Cd] 溶液形式均匀喷施入土壤中，保持 80% 土壤持水量，培养老化 60 d 后装盆。每盆装土 15 kg，每盆施肥 6 g N，N：P$_2$O$_5$：K$_2$O=1：1.5：3。按优质烤烟生产规范进行管理。团棵期、旺长期、现蕾期、平顶期分别收获植株，分根、茎、上部叶、中部叶、下部叶五部分，杀青、烘干后称重。粉碎、过筛后采用 HNO$_3$–H$_2$O$_2$ 消解，ICP–MS 检测重金属。

富集系数 = 植株 Cd 含量（mg/kg）/ 土壤 Cd 含量（mg/kg）

转移系数 = 叶片 Cd 含量（mg/kg）/ 根部 Cd 含量（mg/kg）

初级转移系数 – 茎 Cd 含量（mg/kg）/ 根部 Cd 含量（mg/kg）

次级转移系数 = 叶片 Cd 含量（mg/kg）/ 茎 Cd 含量（mg/kg）

（二）不同 Cd 添加水平下烟草品种 Cd 含量的差异

1. 不添加 Cd 处理

平顶期不同品种的根、茎，上、中、下部叶片的 Cd 含量为：下部叶＞中部叶＞上部叶＞茎＞根。不同品种上部叶片中 Cd 含量变化趋势为：红花大金元＞ NC89 ＞中烟 100、湘烟 3 号、云烟 85 ＞龙江 851、豫烟 3 号、K326、云烟 87、翠碧 1 号；中部叶片 Cd 含量变化趋势为：红花大金元＞ NC89、中烟 100 ＞ K326、云烟 85、龙江 851、湘烟 3 号＞豫烟 3 号、云烟 87、翠碧 1 号；下部叶片 Cd 含量变化趋势为：红花大金元＞ NC89 ＞中烟 100、云烟 85、龙江 851、湘烟 3 号、K326 ＞云烟 87、豫烟 3 号、翠碧 1 号（图 3-3-14）。因此，在不添加 Cd 的处理下，红花大金元和 NC89 烟叶中 Cd 含量较高，而翠碧 1 号、云烟 87 和豫烟 3 号 Cd 含量较低。

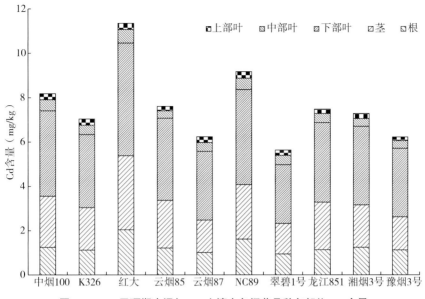

图 3-3-14　平顶期未添加 Cd 土壤中各烟草品种各部位 Cd 含量

2. 添加 0.6 mg/kg Cd 处理

平顶期不同品种的根、茎，上、中、下部叶片的 Cd 含量为：下部叶＞中部叶＞上部叶＞茎＞根。不同品种上部叶片中 Cd 含量变化趋势为：龙江851＞红花大金元、云烟85、NC89、豫烟 3 号＞K326、翠碧 1 号、湘烟 3号＞云烟87、中烟100。中部叶片 Cd 含量变化趋势为：红花大金元、龙江851、豫烟 3 号、翠碧 1 号＞湘烟 3 号、云烟85、K326、NC89＞中烟100、云烟87。下部叶片 Cd 含量变化趋势为：红花大金元＞翠碧 1 号、龙江851、NC89、中烟100、豫烟 3 号＞湘烟 3 号、云烟85、K326＞云烟87（图 3-3-15）。因此，在土壤添加 0.6 mg/kg Cd 的处理下，红花大金元和龙江 851 烟叶中 Cd 含量较高，而云烟 87 和中烟 100 Cd 含量较低。

3. 添加 3.0 mg/kg Cd 处理

平顶期不同品种的根、茎，上、中、下部叶片的 Cd 含量为：下部叶＞中部叶＞上部叶＞茎＞根。不同品种上部叶片中 Cd 含量变化趋势为：K326＞云烟87、龙江851、湘烟 3 号、红花大金元＞豫烟 3 号、NC89、云烟85、翠碧 1 号＞中烟100。中部叶片 Cd 含量变化趋势为：K326、龙江851、云烟87＞湘烟 3 号、红花大金元＞NC89、翠碧 1 号、豫烟 3 号＞云烟85、中烟100。下部叶片 Cd 含量变化趋势为：K326＞龙江851、云烟87、红花大金元＞湘烟 3 号、翠碧 1 号、中烟100、云烟85＞NC89、豫烟 3 号（图 3-3-

16）。因此，在土壤添加 3.0 mg/kg Cd 的处理下，K326、云烟 87 和龙江 851 烟叶中 Cd 含量较高，而中烟 100 和云烟 85 Cd 含量较低。

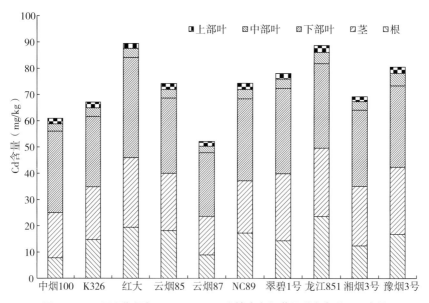

图 3-3-15　平顶期添加 0.6 mg/kg Cd 土壤中各烟草品种各部位 Cd 含量

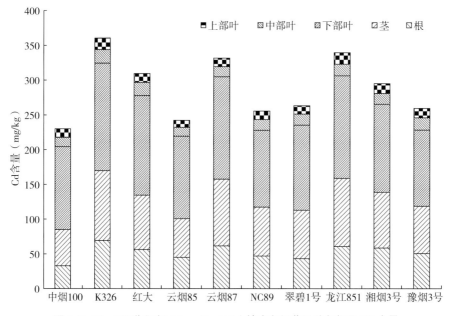

图 3-3-16　平顶期添加 3.0 mg/kg Cd 土壤中各烟草品种各部位 Cd 含量

4. 不同生育期差异

从烟草团棵期、旺长期到现蕾期，烟叶 Cd 含量基本是随时间降低，而到平顶期却上升，这可能是由于在前 3 个生育期，烟草对 Cd 的吸收增加量小于烟草生物量的增加量，而到平顶期后，烟叶光合物质积累到达顶峰，并随烟叶成熟老化而分解，生物量降低。

不同品种生育期烟叶 Cd 含量高低分布也有所不同，最高、最低含量的品种随不同生育期有所变化，如图 3-3-17 所示，这可能与每个品种吸收动力学趋势不同相关。

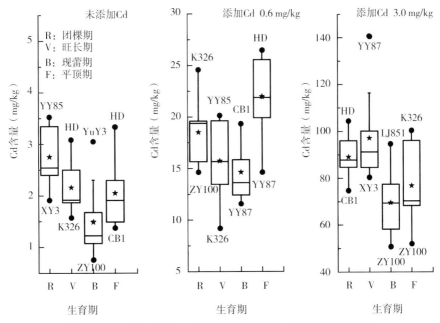

图 3-3-17　添加不同 Cd 处理各生育期烟叶 Cd 含量品种间差异

所以，在 10 个全国主栽和地方代表品种中，红花大金元在土壤低中 Cd 浓度时烟叶对 Cd 富集较高，在高浓度时居中；龙江 851 在土壤中高 Cd 浓度时烟叶对 Cd 富集较高，在低浓度时居中；NC89 在土壤低浓度时烟叶对 Cd 富集相对较高，在中高浓度时居中；K326 在土壤高 Cd 浓度时烟叶对 Cd 富集较高，在中低浓度时居中；云烟 87 在土壤高 Cd 浓度时烟叶对 Cd 富集较高，在中低浓度时较低；翠碧 1 号和豫烟 3 号在土壤低 Cd 浓度时烟叶对 Cd 富集较低，在中高浓度时居中；中烟 100 在土壤中高 Cd 浓度时烟叶对 Cd 富集较低，在低浓度时居中；云烟 85 在土壤高 Cd 浓度时烟叶对 Cd 富集较低，在中低浓度时居中；湘烟 3 号土壤在高中低 Cd 浓度时烟叶对 Cd 富集都居中。

因此，仅以减少烟叶中 Cd 为目的，试验所选 10 个品种相比较，土壤 Cd 浓度低于 0.2 mg/kg 时推荐栽种云烟 87、翠碧 1 号、豫烟 3 号，不推荐栽种红花大金元、NC89；土壤 Cd 浓度低于 0.6 mg/kg 时推荐栽种中烟 100、云烟 87，不推荐栽种红花大金元、龙江 851；土壤 Cd 浓度高于 2 mg/kg 时推荐栽种中烟 100、云烟 85，不推荐栽种云烟 87、龙江 851、K326。对 Cd 不敏感品种推荐栽种，以降低烟叶中重金属，敏感品种可筛选为典型进行烟草重金属相关标准的研究。

（三）烟草品种对土壤 Cd 变化敏感性的差异

不同的作物由于对重金属耐性和抗性不同，对土壤重金属升高后的反应也不同，有的作物采用增强耐性以多吸收来缓解压力，而另一些作物则通过少吸收的抗性来缓解胁迫，作物的不同品种也是如此。通过对土壤 Cd 变化后烟叶 Cd 含量的比较，考察烟叶 Cd 随土壤 Cd 含量变化的敏感性。由表 3-3-6 中可见，豫烟 3 号、翠碧 1 号从不外源添加的低 Cd 浓度向添加 0.6 mg/kg 变化时的中浓度时较为敏感，云烟 87、K326 从添加 0.6 mg/kg 时的中浓度向添加 3.0 mg/kg 的高浓度变化时较为敏感，而云烟 87、K326、翠碧 1 号从不外源添加的低 Cd 浓度向添加 3.0 mg/kg 变化时的高浓度时较为敏感。因此，在土壤 Cd 水平变异较大的区域，推荐选用对土壤 Cd 变化敏感性较小的品种，如中烟 100、NC89、云烟 85 等。

表 3-3-6　烟草品种对 Cd 变化的敏感度差异

Cd 浓度变化	中烟100	K326	红大	云烟85	云烟87	NC89	翠碧1号	龙江851	湘烟3号	豫烟3号
中/低	7.5	10.5	7.9	10.2	10.0	8.1	18.6	12.2	11.9	17.2
高/中	3.0	5.0	3.0	2.5	6.6	3.5	2.7	3.8	3.5	2.7
高/低	22.6	52.6	23.4	25.9	65.9	28.6	50.7	45.8	42.0	45.9

采用烟草各品种烟叶 Cd 富集系数与其积累概率作烟草 Cd 富集品种敏感性分布图（图 3-3-18）。采用 Gauss、Logistic 和 Hill 3 个模型拟合，拟合曲线 R^2 均高于 0.95。品种敏感性曲线对筛选低积累和高积累品种材料具有指导意义。

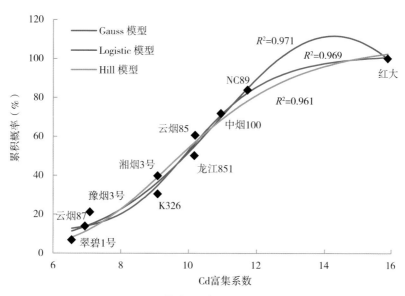

图 3-3-18　烟草对 Cd 富集的品种敏感性分布

（四）不同 Cd 水平下烟草品种转运能力的差异

初级转移系数指烟草茎 Cd 含量与根 Cd 含量的比值，表达 Cd 由根向茎的转移能力；次级转移系数指烟草叶 Cd 含量与茎 Cd 含量的比值，表达 Cd 由茎向叶的转移能力。红大、豫烟 3 号和翠碧 1 号初级转移系数较大，说明其由根向茎转运力较强；中烟 100、云烟 87、湘烟 3 号初级转移系数较小，说明其由根向茎转运力较弱。红大、云烟 85、湘烟 3 号和龙江 851 次级转移系数较大，说明其由茎向叶转运力较强；中烟 100、翠碧 1 号、豫烟 3 号次级转移系数较小，说明其由茎向叶转运力较弱。从根部到叶片的总转移能力来说，豫烟 3 号、翠碧 1 号和云烟 87 转移系数较大，说明由根向烟叶转运能力较强；中烟 100、红大转移系数较小，说明由根向烟叶转运能力较弱（表 3-3-7 至表 3-3-9）。

表 3-3-7　烟草品种 Cd 的初级运转能力的差异

水平	中烟100	云烟85	豫烟3号	翠碧1号	NC89	红大	湘烟3号	云烟87	龙江851	K326
无添加	1.84	1.69	2.16	1.78	1.78	2.19	1.50	1.50	2.10	1.51
+0.6 mg/kg	1.30	1.49	1.91	1.63	1.51	1.87	1.70	1.34	1.65	1.47
+3.0 mg/kg	1.12	1.28	1.31	1.32	1.27	1.47	1.10	1.24	1.01	1.21

表 3-3-8　烟草品种 Cd 的次级运转能力的差异

水平	中烟 100	云烟 85	豫烟 3号	翠碧 1号	NC89	红大	湘烟 3号	云烟 87	龙江 851	K326
无添加	4.60	6.29	4.27	3.25	4.77	5.46	5.42	3.69	5.13	4.55
+0.6 mg/kg	6.26	6.61	5.41	7.24	5.56	7.66	7.01	6.00	6.03	6.24
+3.0 mg/kg	3.80	4.34	3.86	4.40	4.52	4.11	5.16	6.40	5.86	5.14

表 3-3-9　烟草品种 Cd 的运转能力的差异

水平	中烟 100	云烟 85	豫烟 3号	翠碧 1号	NC89	红大	湘烟 3号	云烟 87	龙江 851	K326
无添加	8.46	6.88	11.98	10.61	5.51	8.48	5.78	10.74	8.13	9.23
+0.6 mg/kg	8.10	9.17	14.32	9.86	8.05	8.42	11.77	9.94	11.92	10.33
+3.0 mg/kg	4.24	6.22	6.03	5.54	7.96	5.76	5.79	5.95	5.67	5.06

（五）不同 Cd 水平下烟草品种富集能力的差异

不同 Cd 处理浓度，烟草品种之间的富集能力是不同的。低 Cd 浓度时，翠碧 1 号、云烟 87 和豫烟 3 号烟叶 Cd 含量显著低，红花大金元和 NC89 烟叶 Cd 含量显著高。中 Cd 处理时，云烟 87 和中烟 100 烟叶 Cd 含量较低，龙江 851 和红花大金元叶片 Cd 含量较高。高 Cd 处理时，中烟 100 和云烟 85 烟叶 Cd 含量较低，K326 和龙江 851 烟叶 Cd 含量较高。由于处理中土壤 Cd 含量一致，不同烟草品种对 Cd 的富集能力和烟叶含量的规律是一致的（表 3-3-10）。

表 3-3-10　不同烟草品种 Cd 的富集系数

水平	中烟 100	云烟 85	豫烟 3号	翠碧 1号	NC89	红大	湘烟 3号	云烟 87	龙江 851	K326
无添加	10.95	10.19	7.09	6.55	11.73	15.88	9.09	6.94	10.17	9.09
+0.6 mg/kg	21.23	27.00	31.55	31.52	24.59	32.69	28.00	18.06	32.08	24.83
+3.0 mg/kg	16.22	17.29	21.28	21.72	21.93	24.36	24.99	29.93	30.50	31.27

（六）烟草品种资源 Cd 富集能力筛选

1. 烟草种质资源重金属状况

在中国农业科学院烟草研究所青岛试验基地，结合国家烟草种质资源中期库定期繁种计划，对种质资源进行 Cd 富集能力的检测，可为今后低 Cd 和高 Cd 品种的筛选提供储备。已检测 286 份烟草种质材料，种植于同一地块，包括烤烟、晾烟、晒烟、白肋烟、雪茄烟等类型。烟叶 As、Cd、Cr、Hg 和 Pb 平均含量分别为 0.29、2.50、5.81、0.05、1.66 mg/kg，与全国调查烟叶样品重金属平均值接近（表 3-3-11）。

表 3-3-11 烟草种质资源烟叶重金属含量统计状况 （mg/kg）

统计量	As	Cd	Cr	Hg	Pb
均值	0.29	2.50	5.81	0.05	1.66
极小值	0.03	0.56	0.19	0.01	0.15
中值	0.26	1.54	3.94	0.05	0.46
标准差	0.18	4.42	5.63	0.05	2.59
方差	0.03	19.56	31.70	0.00	6.73
偏度	2.02	6.37	3.42	10.73	2.18
峰度	7.83	46.82	18.62	148.66	4.21

2. 镉富集特异烟草种质资源的筛选

286 份种质资源平均 Cd 含量为 2.50 mg/kg，最低值为 0.56 mg/kg。筛选到 Cd 含量在 1 mg/kg 以下的低镉烟草种质和 4 mg/kg 以上的高镉烟草种质（图 3-3-19）。

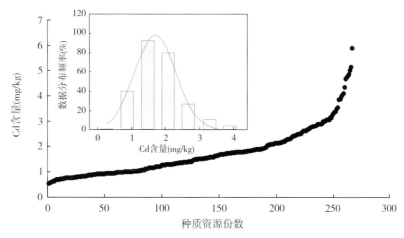

图 3-3-19 烟草对 Cd 富集的品种敏感性分布

总之，烟叶重金属含量主要影响因素为土壤重金属含量、土壤酸碱度、土壤有机质含量。其中，土壤重金属含量与烟叶重金属含量呈正相关的趋势，特别是低于烟草受重金属毒害浓度时；土壤酸性能提高土壤重金属有效态含量（As 除外），从而与烟叶重金属正相关，土壤碱性反之；有机质中的小分子可活化有效态重金属，而大分子则可钝化有效态重金属，因而会因有机质成分的不同而对烟叶产生影响。利用烟叶 Cd 与 Cd 含量、pH 值和有机质含量建立起相关关系模型，可应用到大田烟叶 Cd 含量的估算。

全国和地方主栽品种间对 Cd 的吸收、转运、富集能力有所差异，但还未达到可以利用此等差异控制 Cd 的水平，因此，筛选全国或地方适宜种植的低 Cd 品种或种质资源也是控制烟草重金属含量的措施之一。

第四章

烟草对重金属镉富集的生理机制

第一节
烟草镉转运生理机理

植物对重金属的转运是介于吸收与固定之间承上启下的关键过程，是地上部重金属累积的关键环节。金属离子从根系转移到地上部分主要受两个过程的控制：从木质部薄壁细胞装载到导管和在导管中运输。目前大多数研究者认为，木质部装载是与根细胞吸收相独立的一个过程，而导管中运输则主要受根压和蒸腾流的影响。因此，主动运输和被动运输两种途径均有可能对植物地上部元素富集起到关键作用，前者需要消耗代谢产生的能量，后者以根压或蒸腾为动力。这从蒸腾和代谢与植物 Cd 积累的关系可以证实，但不同 Cd 富集型植物两者的地位和贡献可能有所不同。对于非富集植物，通常环境 Cd 浓度高于植物细胞内 Cd 浓度，植物富集过程以被动运输为主，蒸腾或根压是转运的主要动力；对于根部富集型植物，根部吸收的主动运输占主导地位，大部分 Cd 被根细胞固定，Cd 的向上运输量较少，转运不是富集的关键环节；对于地上部富集型植物，根吸收后大量 Cd 会向地上部转移，转运也成为富集的关键环节，被动运输和蒸腾对 Cd 木质部运输和地上部积累起到决定性作用，且某些植物被发现叶片蒸腾速率与地上部 Cd 含量呈正相关。

一、蒸腾显著影响烟草 Cd 含量

水培试验，1/4 浓度的 Hoagland 完全营养液。烟草品种为 K326。营养液中 Cd 浓度为 100 μmol/L，蒸腾抑制设 4 个处理，分别为 CK、遮光、1% 石蜡剂、20 mmol/L $CaCl_2$。

结果表明，所有 Cd 处理对烟草蒸腾和光合参数均有一定的抑制作用，平均下降 50% 左右；石蜡和 $CaCl_2$ 处理更加重了这种抑制，又下降了 50%，其中 $CaCl_2$ 的生理抑制效果优于石蜡的气孔物理抑制；遮光情况下，烟草的蒸腾和光合基本陷入停滞中。

遮光处理分别显著降低烟叶和茎中 Cd 含量 91.1% 和 28.5%，而蒸腾抑制剂石蜡和 $CaCl_2$ 仅显著降低烟叶中的 Cd 含量，这说明以蒸腾为驱动力的被动运输参与了烟草 Cd 向地上部的转运（图 4-1-1）。

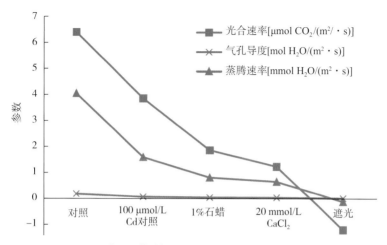

图 4-1-1　遮光和蒸腾抑制剂处理对蒸腾和光合参数的影响

研究还进行了同株烟草半数叶遮光的预试验（图 4-1-2），结果表明，遮光的半数叶 Cd 含量与对照相比下降了 72.5%，而未遮光的半数叶则没有显著差异。结合蒸腾抑制对叶 Cd 含量的影响明显优于对茎的影响，说明蒸腾可能直接影响和主要控制烟草叶片的 Cd 含量，可能是 Cd 由木质部转运至叶片的主要动力（图 4-1-3）。

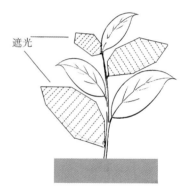

图 4-1-2　半数叶遮光示意

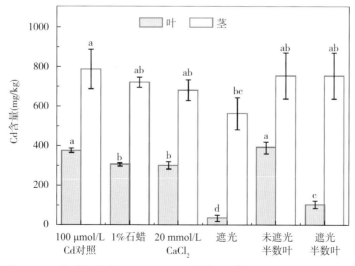

图 4-1-3　蒸腾抑制对 100 μmol/L Cd 培养下烟草茎、叶 Cd 含量的影响

二、代谢显著影响烟草 Cd 含量

水培试验，1/4 浓度的 Hoagland 完全营养液。烟草品种为 K326。营养液 Cd 为 100 μmol/L，代谢抑制设 4 个处理：CK、4℃低温、10 μmol/L 2,4- 二硝基苯酚（DNP）、4℃低温 + 遮光。

结果表明，4℃低温分别显著降低烟草叶片和茎 Cd 含量 78.8% 和 42.5%，而代谢抑制剂 DNP 处理则仅显著降低烟草叶片 Cd 含量 40.1%。这说明以消耗能量为驱动力的主动运输也参与了烟草 Cd 的转运。结果还显示，代谢抑制对叶片 Cd 含量的影响小于蒸腾抑制，但对茎 Cd 含量的影响则大于蒸腾抑制。

低温 + 遮光处理同样显著降低烟草叶片和茎 Cd 含量，与低温和遮光单独处理无显著性差异，这说明主动运输与被动运输在烟草 Cd 转运的主要关系应该是分工合作关系而非并列关系。另外初步分析表明，烟草叶片蒸腾速率与烟草叶片和茎 Cd 含量呈线性正相关，相关系数 R^2 值分别为 0.82 和 0.66（图 4-1-4）。

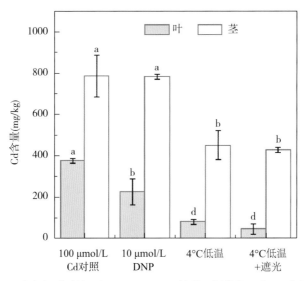

图 4-1-4　遮光和 4℃低温对 100 μmol/L Cd 培养下烟草茎、叶 Cd 含量的影响

总之，遮光和蒸腾抑制剂能显著降低烟叶 Cd 含量，且烟叶蒸腾速率与烟叶 Cd 含量呈线性正相关（R^2=0.82）。蒸腾抑制对烟叶 Cd 含量的影响大于代谢抑制，而对茎部影响则相反。同株烟草遮光的一半数量叶片 Cd 含量比对照

下降72.5%，而未遮光的半数叶无显著差异，说明蒸腾是Cd由木质部转运至叶片的主要动力（图4-1-5）。所以，如图4-1-6所示，Cd首先通过消耗代谢能量的主动运输经共质体途径到达木质部，再通过蒸腾拉力被动运输与其他离子一起到达地上部。

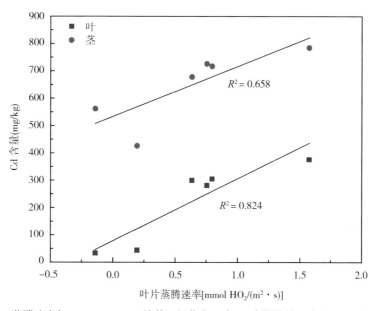

图4-1-5　蒸腾速率与100 μmol/L Cd培养下烟草茎、叶Cd含量的关系（所用处理为遮光、低温＋遮光、CaCl₂、DNP+ CaCl₂、石蜡、CK，按蒸腾速率大小排列）

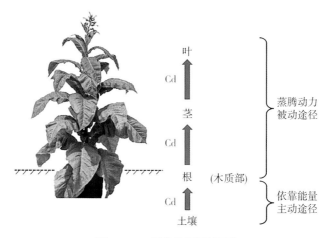

图4-1-6　烟草转运机制示意

第二节
烟草镉富集的分子机制

RNA 测序（RNA-Seq）技术和数字化基因表达分析技术为差异基因提供了新的快速检测方法（Hu et al., 2019）。通过比较转录组学和 Cd 暴露下的几种植物的表达谱解析，Cd 的积累机制变得更加清晰（Hu et al., 2019；Milner et al., 2014；Xu et al., 2012）。通过 Cd 胁迫下不同基因型的天蓝遏蓝菜（*N. caerulescens*）以及拟南芥叶片和根转录组的比较，鉴定到一些 Cd 耐受和转运的关键基因（Hu et al., 2019）。例如，一种编码 P 型 ATP 酶的重金属 ATP 酶 4（Heavy Metal ATPase 4, HMA 4），它可以充当质膜泵，将锌（Zn）和 Cd 加载到木质部中，并且超富集植物中的高基因组拷贝数决定了重金属从根到叶转移的有效性（Laurent et al., 2016）。同样，对两种茄属植物的转录组比较分析表明，两种茄属植物 Cd 的摄取和重新分布差异可能是 Fe 缺乏导致的（Xu et al., 2012）。在两个烟草物种中进行了 cDNA- 微阵列实验，表明 *NtIRT1* 和 *NtMTP1a* 在两个物种之间差异表达（Bovet et al., 2006）。由此可见，解析烟草中 Cd 富集的分子机制是非常必要的。

一、RNA 测序和转录组重新组装

为了更好地了解烟草的 Cd 富集机制，我们对烟草进行了 RNA-Seq 分析。采用水培试验，采用 1/4 浓度的 Hoagland 完全营养液。烟草品种为普通红花烟草中烟 100 和黄花烟草阳高小兰花。试验处理 Cd 为 0 和 50 μmol/L。共构建 24 个文库并测序，其中，对照组和处理组的根和叶样本各 50 μmol/L Cd 浓度。共产生 523 485 058 个净读数，代表约 78.52G 普通烟草的净核苷酸（nt）和 506 038 428 个净读数为 75.89G 黄花烟草的净核苷酸（nt）。Q20 平均值分别为 96.41% 和 96.40%，GC 含量分别为 43.34% 和 43.21%。

二、基因表达谱的比较分析

比较两种烟草在相同 Cd 胁迫浓度下根叶样品中的 DEGs（对照和 Cd 处

理的比较），有助于我们了解 Cd 积累相关的分子机制。如图 4-2-1 所示，红花烟草中的对照组和 Cd 处理组之间的 DEGs 大于黄花烟草。黄花烟草样品叶片中有 173 个 DEGs，根中有 710 个 DEGs，同时在红花烟草的叶片中有 576 个 DEGs，根中有 1 543 个 DEGs 对 Cd 胁迫的响应。叶片中，120 个 DEGs 上调，53 个 DEGs 下调，263 个 DEGs 上调，447 个 DEGs 在根中下调。黄花烟草的叶和根之间仅表达一个常见 DEGs，而 38 个 DEGs 通常在红花烟草的叶和根之间表达。在红花烟草中，叶片和根中分别上调 198 个和 1 109 个 DEGs，而 378 个和 434 个 DEGs 则下调。总体而言，在黄花烟草中，在 Cd 处理时，根中的下调基因多于上调基因。相比之下，叶片中的上调基因比下调基因要高。相反，在红花烟草中，根中上调的基因较多，叶片中下调的基因较多。

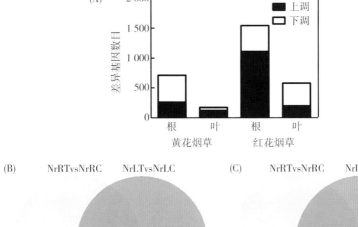

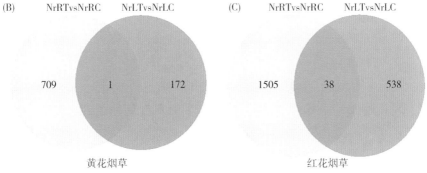

图 4-2-1　两种烟草材料基因表达谱的比较分析

三、表达差异基因的 GO 和 KEGG 功能性注释

GO 的功能性富集分析可用来分辨 DEGs 的生物学功能。在校正的 P < 0.05 水平，从黄花烟草根中获得的 DEGs 被富集到 30 个 GO 条目上，其中分子功能（molecular function）层面有 15 个，生物过程（Biological Process）

层面有 15 个。红花烟草根中获得的 DEGs 被富集到 53 个 GO 条目上，其中分子功能层面有 31 个，生物过程层面有 22 个。黄花烟草根的 DEGs 主要富集在 "催化活性（catalytic activity）"、"单一生物代谢过程（single organism metabolic process）"、和 "氧化还原酶活性（oxidoreductase activity）"。红花烟草根的 DEGs 主要富集在 "代谢过程（metabolic process）"、"催化活性（catalytic activity）" 和 "单体代谢过程（single organism metabolic process）"。两种烟草在生物过程层面富集的条目数量都比分子功能层面多。其中，两个物种均在 "单体代谢过程（single organism metabolic process）" 和 "氧化还原（oxidation–reduction process）" 条目富集做多。"应激反应（response to stress）" 是黄花烟草中最富集的 GO 条目，而 "跨膜转运蛋白活性（transmembrane transporter activity）" 是红花烟草中最富集的 GO 条目。在校正的 $P < 0.05$ 水平下，黄花烟草叶中的 DEGs 未注释到任何 GO 条目上，但红花烟草叶中的 DEGs 注释到了 23 个 GO 条目上，其中生物过程层面有 7 个 GO 条目，细胞成分层面有 6 个，分子功能层面有 10 个。"有机氮化合物生物合成过程（organonitrogen compound biosynthetic process）" 和 "有机氮化合物代谢过程（organonitrogen compound metabolic process）" 是生物过程层面富集 DEGs 最多的两个条目。"细胞内非膜结合细胞器（Intracellular nonmembrane–bounded organelle）" 和 "非膜结合细胞器（nonmembrane–bounded organelle）" 是细胞成分层面富集最丰富的两个 GO 条目。同时，"结构分子活性（structural molecule activity）" 和 "核糖体的结构成分（structural constituent of the ribosome）" 是分子功能层面富集最丰富的 GO 条目。

为了了解这些 DEGs 的功能，利用 KEGG 途径数据库了解了 Cd 胁迫下两种烟草中 DEGs 的相关途径。图 4-2-2 和图 4-2-3 表明，在 $P < 0.05$ 的水平上，黄花烟草根中存在 18 条显著富集的 DEGs KEGG 途径，包括苯丙酸生物合成和苯丙氨酸代谢。同样，15 个 KEGG 途径在红花烟草根中显著富集，包括谷胱甘肽代谢和苯丙素生物合成。在 KEGG 数据库中，黄花烟草叶中没有 DEGs 在任何途径上富集。红花烟草叶片中有 10 条显著富集的途径，其中核糖体、卟啉和叶绿素代谢以及生物素代谢是富集的途径。

四、RT–qPCR 对表达谱的验证

为了验证转录组学数据的可靠性，用 RT–qPCR 检测了 16 个以上基因的相对表达水平，其相对表达倍数在 0 μmol/L CdCl$_2$ 和 50 μmol/L CdCl$_2$ 组被

量化。不同处理的大部分基因的表达模式与转录组测序结果一致。通过 RT-qPCR 分析获得的每个 DEG 的变化值的差异表达水平显示在图 4-2-4 中。

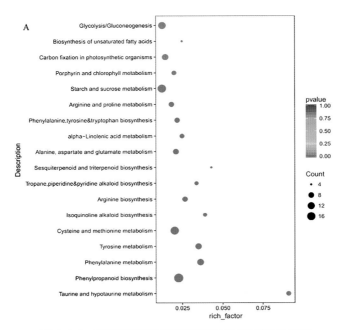

图 4-2-2 黄花烟草表达差异基因的 **KEGG** 功能性注释

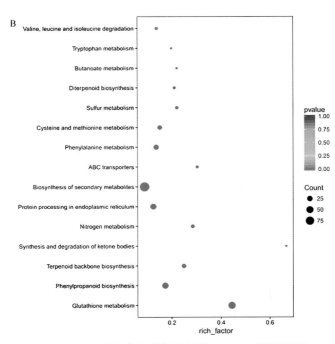

图 4-2-3 红花烟草表达差异基因的 **KEGG** 功能性注释

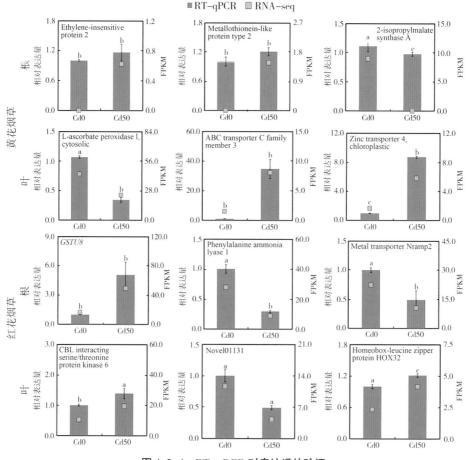

图 4-2-4　RT-qPCR 对表达谱的验证

五、鉴定到的相应 Cd 的差异基因 *DEGs*

1. 与金属流入有关的 *DEGs*

到目前为止，还没有发现特定的 Cd 转运蛋白，但 Cd 被证明使用其他金属的转运蛋白进入植物体内。锌转运蛋白（ZIPs）是参与 Cd 内流的 Fe^{2+}/Zn^{2+} 转运蛋白。在本研究中，转录组分析结果显示 ZIP4、ZIP8 和 ZIP11 在黄花烟草的根中均上调，但在红花烟草的根中不上调（图 4-2-5）。这些差异表达的 *ZIPs* 可能在烟草体内 Cd 内流中起着潜在的作用。

2. 与金属固存有关的 *DEGs*

金属耐受蛋白（MTPs）属于阳离子扩散促进蛋白（CDF）家族，其功能在重金属稳态中非常重要。如图 4-2-5 所示，它们参与金属离子的隔离或流出以降低毒性在黄花烟草的根部 MTPB 下调。MTP9 在红花烟草的根中表达下调，MTP1 在红花烟草的叶中表达上调，因此 MTPs 可能参与了两种烟草的Cd 吸收。

3. 与金属再活化有关的 DEGs

如图 4-2-5 所示，自然抗性相关巨噬细胞蛋白 NRAMP 家族被发现是 Cd隔离的一个突出候选。Cd 处理后，黄花烟草根和叶中分别产生了 NRAMP5和 NRAMP3。同样，在红花烟草的根部，NRAMP3 表达上调，NRAMP2 表达下调，在红花烟草的叶片中，NRAMP6 表达下调。

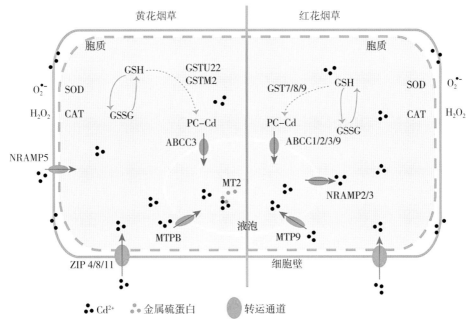

图 4-2-5　两种烟草材料 Cd 积累的模式

4. 与金属螯合相关的 DEGs

GST 是植物中的一个大家族，在非生物胁迫和生物胁迫中可能有不同的作用。转录组学分析表明，黄花烟草根中 GSTU7 和 GSTU8 下调，GSTU22和 GSTM2 下调。GSTU7、GSTU8、GSTU9 和 GSTUA 在红花烟草根中上调。在红花烟草中没有差异表达的 *GSTM*。在黄花烟草中，ATP 结合盒（ABC）转运蛋白 3（ABCC3）在根和叶中均上调，其蛋白可形成植物螯合素（PCs）-Cd 复合物，随后被隔离到液泡中。ABCC1、ABCC2、ABCC3、ABCC9 和ABCC14 在红花烟草根中均上调，只有 ABCC4 和 ABCC14 在红花烟草叶中上调。如图 4-2-5 所示，金属硫蛋白 MT2 在黄花烟草根中上调，但没有 *MT* 相关基因在红花烟草中差异表达。

总之，Cd 处理下普通烟草叶和根中分别有 576 个和 1 543 个差异表达基因，主要集中在谷胱甘肽代谢、苯丙烷生物合成、萜类主链生物合成等途径。而黄花烟草的叶和根中分别有 173 个和 710 个差异表达基因，主要集中在牛磺酸和次牛磺酸代谢、苯丙酸生物合成、苯丙氨酸代谢等途径。通过比较转录组学分析筛选出金属通量（*ZIPs*）、区隔（*MTPs*）、再活化（*NRAMPs*）和螯合（*GSTs*、*ABCCs* 和 *MTs*）等差异表达的基因。

参考文献

Bovet L, Rossi L, Lugon-Moulin N, 2006. Cadmium partitioning and gene expression studies in *Nicotiana tabacum* and *Nicotiana rustica*[J]. Physiologia Plantarum (128): 466-475.

Hu Y, Xu L, Tian S, et al, 2019. Site-specific regulation of transcriptional responses to cadmium stress in the hyperaccumulator, *Sedum alfredii*: based on stem parenchymal and vascular cells[J]. Plant Molecular Biology (99): 347-362.

Laurent C, Lekeux G, Ukuwela A A, et al, 2016. Metal binding to the N-terminal cytoplasmic domain of the PIB ATPase HMA4 is required for metal transport in *Arabidopsis*[J]. Plant Molecular Biology (90): 453-466.

Milner M J, Mitani-Ueno N, Yamaji N, et al, 2014. Root and shoot transcriptome analysis of two ecotypes of *Noccaea caerulescens* uncovers the role of *NcNramp1* in Cd hyperaccumulation. Plant Journal for Cell & Molecular Biology (78): 398-410.

Xu J, Sun J, Du L, et al, 2012. Comparative transcriptome analysis of cadmium responses in *Solanum nigrum* and *Solanum torvum*[J]. New Phytologist (196): 110-124.

第三节
烟草镉的耐性解毒机制

根据对重金属的反应植物可分为 4 种类型：金属敏感型、抗金属排出型、耐金属非超富集型和金属超耐受超富集型，每种植物类型具有不同的分子机制来实现其对金属胁迫的抵抗 / 耐受或减少金属毒性带来的负面影响（Lin and Aarts，2012）。在过量接触重金属的情况下，植物会表现出生物量减少、叶片萎黄病、根系生长受到抑制和形态改变等情况，通常会导致植物在过度接触时死亡（Yadav，2010）。在细胞水平上，高等植物可能会使用一种或多种方式来逃避或耐受重金属暴露，如降低重金属的生物可用性、控制重金属的流入、螯合重金属、促进重金属外排、重金属的区隔和封存、重金属诱导的 ROS 解毒反应等（Lin and Aarts，2012）。

一、烟草 Cd 赋存形态

（一）不同 Cd 水平的影响

采用水培试验，1/4 浓度的 Hoagland 完全营养液。烟草品种为 K326。设 4 个 Cd 处理浓度，10、50、100、500 μmol/L。采用连续提取法测定烟草根、茎、叶中不同镉形态，提取顺序、试剂与对应成分见表 4-3-1。

表 4-3-1　植株中重金属连续提取试剂及对应主要成分

步骤	试剂	主要成分
1	80% 乙醇	以硝酸盐、氯化物为主的无机盐以及氨基酸盐
2	去离子水	水溶性有机酸盐、重金属一代磷酸盐 $[M(H_2PO_4)_n]$
3	1 mol/L 氯化钠	提取果胶盐、与蛋白质结合态或呈吸着态的重金属
4	2% 醋酸	难溶性重金属磷酸盐（包括二代磷酸盐 $[M(HPO_4)_n]$ 和 $[M(PO_4)_n]$）
5	0.6 mol/L 盐酸	草酸盐

烟草根中所有 Cd 提取态均随 Cd 处理浓度增加而升高，其中醋酸提取态占根中所有 Cd 的 50% 以上（图 4-3-1）。

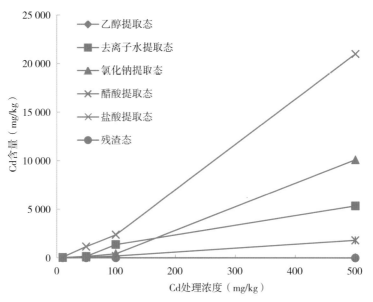

图 4-3-1 不同 Cd 处理对烟草根 Cd 形态的影响

烟草茎中去离子水和 NaCl 提取态的 Cd 随处理 Cd 浓度增加而上升，而乙醇提取态的 Cd 则随之下降。醋酸提取态则先上升后下降（图 4-3-2）。

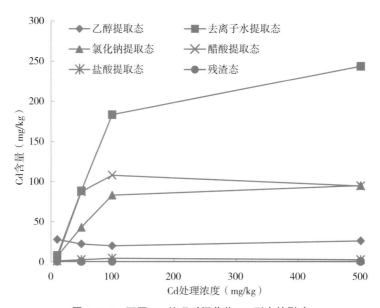

图 4-3-2 不同 Cd 处理对烟草茎 Cd 形态的影响

烟叶中 Cd 提取态变化趋势与茎中类似。烟叶去离子水提取态的 Cd 显著低于茎部，而 NaCl 提取态则显著高于茎部。在 500 μmol/L 的 Cd 处理中，醋酸提取态的 Cd 显著减少，可能是由于太高的 Cd 浓度已经胁迫了烟草生理活动（图 4-3-3）。

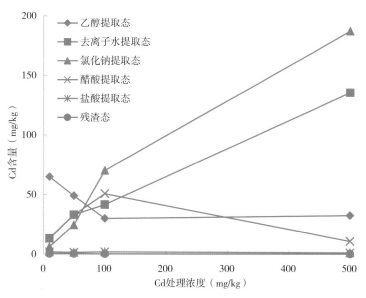

图 4-3-3　不同 Cd 处理对烟草叶片 Cd 形态的影响

曾有报道，去离子水和乙醇提取态的 Cd 迁移性较好，氯化钠提取态也有一定的迁移性，而醋酸和盐酸提取态的 Cd 则相对稳定，移动性较差。总之，在本研究中，去离子水、NaCl 和醋酸提取态的 Cd 占植株总 Cd 含量的 60% 以上，这与其他植物的研究一致。

在低 Cd 处理时，醋酸提取态的 Cd（难溶性重金属磷酸盐二代磷酸盐 $[M(HPO_4)_n]$ 和 $[M(PO_4)_n]$ 等）则是烟草 Cd 的主要储存和解毒形态。随着 Cd 处理浓度的增加，难溶性磷酸盐已经没有能力再固定更多的 Cd，于是 NaCl 提取态的 Cd（包括提取果胶盐、与蛋白质结合态或呈吸着态）成为主要的 Cd 储存和解毒形态。去离子提取态的 Cd，即水溶性有机酸盐、重金属一代磷酸盐 $[M(H_2PO_4)_n]$，在 Cd 浓度时可能主要是烟草 Cd 的转运形态，但当 Cd 处理增加后，其他固定形态饱和以后，也只能作为烟草中的一种储存形态。

（二）不同烟草部位的差异

采用土培盆栽试验，供试土壤为棕壤，取自山东省诸城，Cd 含量 0.21 mg/kg。

烟草品种为中烟 K326。试验 Cd 添加浓度为 4 mg/kg。每盆装土 15 kg，Cd 以
乙酸镉 [（CH₃COO）₂Cd] 溶液形式添加到土壤，加入 Cd 溶液后保持土壤含
水量 80% 老化 60 d 后混匀装盆。移栽后 40 d 采样。同样，采用连续提取法
提取烟草根、茎、叶不同部位中不同镉形态。

按照 Cd 从土壤到烟株迁移的顺序，比较主根、下部茎、下部叶主脉、下
部叶次脉、下部叶叶肉，并与中部叶和上部叶叶肉进行比较。结果发现，水
提取态和 NaCl 提取态的 Cd 含量茎比根低，而从茎传输到叶肉的过程中依次
上升，随着叶肉部位距根近远又依次下降，也进一步说明，水提取态和 NaCl
提取态是 Cd 的迁移形态。另一种重要的提取部分，醋酸提取态，在从根向叶
的运输过程中 Cd 含量基本上呈上升趋势，特别是叶肉中，上部叶叶肉远高于
下部叶叶肉，说明水提取态在运输过程中随时间缓慢向较为稳定的醋酸提取
态转化，所以，中部叶和上部叶之所以总 Cd 含量较下部低，可能主要是由于
水提取态 Cd 在运输过程中的固定和减少。另外，盆栽试验中残渣态明显高于
水培试验，可能因为土壤溶液中的硅成分远高于水培营养液，而且主要在茎
和根部沉积，在叶片中含量稳定（图 4-3-4）。

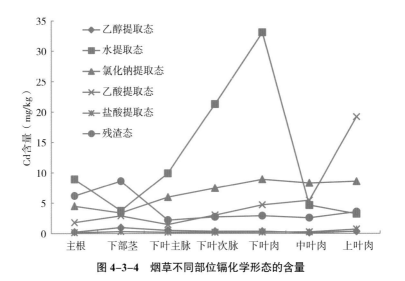

图 4-3-4　烟草不同部位镉化学形态的含量

（三）不同烟草品种的差异

采用水培试验，1/4 浓度的 Hoagland 完全营养液。烟草品种为中烟 100、
K326、云烟 85 和马合烟。试验处理 Cd 含量为 50 μmol/L。用连续提取法提
取根、茎和叶中不同 Cd 形态。

烟草根部的 Cd 形态，如图 4-3-5 所示，3 种烤烟均是醋酸提取态比例最多，其中 K326 和云烟 85 均超过 70%，去离子水和 NaCl 提取态也均超过 10%，三者合占 3 个品种的比例分别为 97%、97% 和 99%。黄花烟草马合烟则以去离子水态为最多，醋酸提取态和 NaCl 提取态次之，三者合占 99%。因此，醋酸、去离子水和 NaCl 提取态 3 种形态是 Cd 在烟草根部主要储存形态。

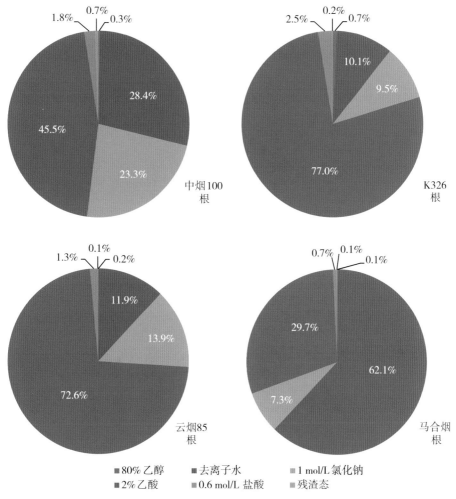

图 4-3-5　镉在不同品种烟草根中主要化学形态的含量

　　与根部类似，烟草茎中去离子水态、NaCl 和醋酸提取态的 Cd 分别占 4 种烟草全 Cd 含量的 94%、89%、97% 和 100%。Cd 从根部运输到茎以后，去离子水和 NaCl 提取态的比例显著增加，其中去离子水提取态比例达到最大，醋酸提取态显著降低（图 4-3-6）。

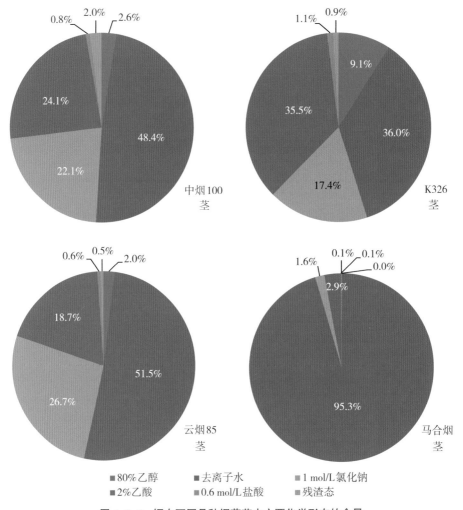

图 4-3-6　镉在不同品种烟草茎中主要化学形态的含量

　　烟叶中去离子水态 Cd 均占各品种全镉量比例依然维持最大，马合烟甚至达到 88%，而 K326 则仅为 1/3。3 种烤烟中醋酸提取态比茎中再降低，而 NaCl 提取态比重基本维持。K326 中乙醇提取态增加显著（图 4-3-7）。

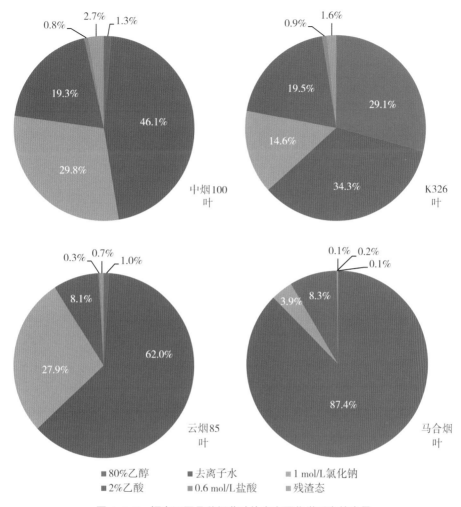

图 4-3-7 镉在不同品种烟草叶片中主要化学形态的含量

所以,醋酸、去离子水和 NaCl 提取态 3 种形态是 Cd 在烟草中的主要储存和解毒形态。Cd 从土壤进入根部以后,首先在根部以醋酸和 NaCl 提取态的形式固定与解毒,部分以去离子水提取态迁移到茎部,因此在茎部,去离子水提取态占明显数量优势。部分 Cd 在茎部再次固定后,余下部分运输到叶片,所以 Cd 在烟叶中主要以去离子水提取态积累和存在。监测不同形态随时间的变化,则可研究不同形态的相互转化,以确定 Cd 在形态上的固定与储存过程。

对于品种来说,中烟 100 相对 Cd 含量较低,是具有 Cd 抗性的品种;而云烟 85 的 Cd 含量较高，是具有 Cd 耐性的品种；K326 则居中；黄花烟草耐Cd 性能远高于 3 个烤烟品种。因此，醋酸提取态是根部 Cd 主要储存形态，K326 和云烟 85 比中烟 100 和马合烟根耐受力强。去离子水提取态的比例对于烟草 Cd 耐性和富集具有重要意义，其中 K326 虽然去离子水含量较低，但比其他品种不同的是乙醇提取态远高于其他品种。

二、烟草 Cd 亚细胞定位

亚细胞分布分析可以帮助了解植物中重金属积累、运输和解毒的机制。采用水培试验，1/4 浓度的 Hoagland 完全营养液。烟草品种为中烟 100、K326、马合烟和阳高小兰花。试验处理 Cd 为 50 μmol/L。密度梯度离心分离细胞壁组分（F1）、细胞核和叶绿体组分（F2）、线粒体组分（F3）和核糖体可溶性组分（F4），测定 Cd 含量。图 4-3-8 至图 4-3-11 表明，在 50 μmol/L Cd 处理下，Cd 主要存在于核糖体可溶性成分中，其次是细胞壁、细胞核、叶绿体和线粒体（F4 > F1 > F2 > F3）。4 个品种中根细胞可溶性组分中 Cd 含量占细胞总含量 60% 以上，叶可溶性组分则占 45% 以上；而根细胞壁组分中 Cd 含量占细胞总含量 15% 以上，叶细胞壁则占 10% 以上。

品种之间，中烟 100 比较特别，叶细胞可溶性组分 Cd 含量占比在 4 个品种中最低，不足 50%，而根可溶性组分占比却最高，超过 80%；细胞壁组分中 Cd 含量占比却相反，叶部最高，超过 40%，而根部最低，不足 20%；中烟 100 两个最高组分占比之和也最高，叶片达到 93.4%，根更是达到 98.6%。阳高小兰花是另外一个特别的品种，细胞可溶性组分和细胞壁组分 Cd 含量占比之和最小，相对而言，叶片和根中其他两个成分占比在 4 个品种中均最高。

所以，液泡和细胞壁对 Cd 的区隔化作用是烟草 Cd 解毒的主要途径。随着 Cd 处理浓度的增加，Cd 首先沉积到细胞膜外的非原生质体（主要是细胞壁），其次经原生质进入细胞内非生理活动的液泡，从而屏蔽 Cd 的毒性；Cd 浓度过高后无法屏蔽的 Cd^{2+} 则产生毒害，叶片细胞形态改变（图 4-3-12）。不同品种烟草 Cd 在根和叶相同亚细胞组分的比例不同，说明不同品种对 Cd 的耐性能力和应对策略有所差异。

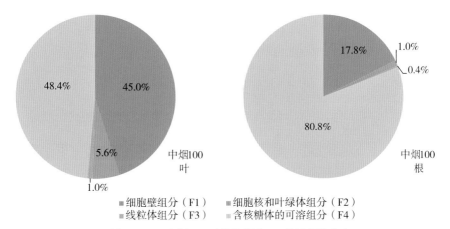

图 4-3-8　中烟 100 叶片和根中 Cd 的亚细胞分布

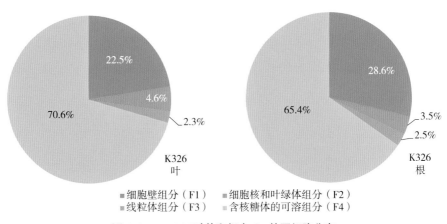

图 4-3-9　K326 叶片和根中 Cd 的亚细胞分布

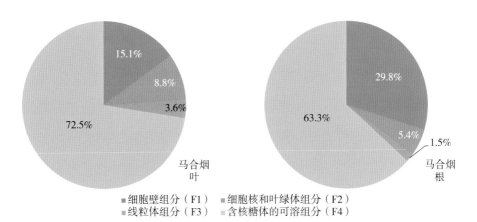

图 4-3-10　马合烟叶片和根中 Cd 的亚细胞分布

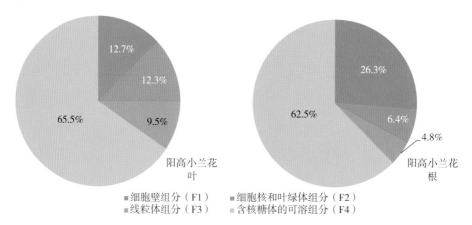

■ 细胞壁组分（F1）　　　■ 细胞核和叶绿体组分（F2）
■ 线粒体组分（F3）　　　■ 含核糖体的可溶组分（F4）

图 4-3-11　阳高小兰花叶片和根中 Cd 的亚细胞分布

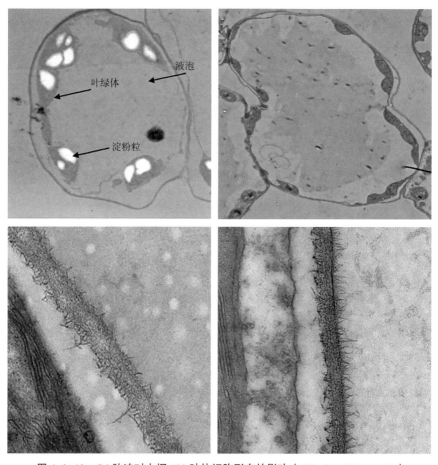

图 4-3-12　Cd 胁迫对中烟 100 叶片细胞形态的影响（Cd：0、100 μmol/L）

三、活性氧物质与抗氧化能力

（一）活性氧物质探测

荧光探针被用于植物体内检测根中的活性氧物质（ROS）。采用荧光染料 carboxy–H_2DCFDA 和 DHE 分别标记 H_2O_2 和 $O_2^{·-}$。过氧化氢清除剂 ASC 和 $O_2^{·-}$ 清除剂 TMP 被用作负对照。如图 4–3–13 荧光强度所示，50 μmol/L Cd 处理下，黄花烟草根表皮与对照相比主要观察到 DHE 强荧光信号，可能 Cd 处理主要增加了 $O_2^{·-}$。而普通烟草 Cd 处理下根上同时观察到 DHE 和 carboxy–H_2DCFD 的强荧光信号，表明 H_2O_2 和 $O_2^{·-}$ 积累均有提高。所以，Cd 处理增加了根活性氧物质的含量，植株为了应对活性氧物质产生毒性，需要提高其抗氧化酶的活性。

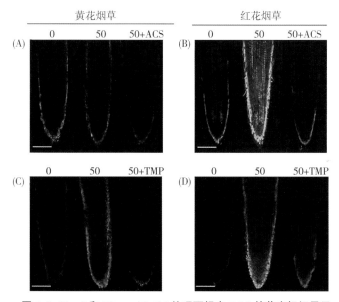

图 4–3–13　0 和 50 μmol/L Cd 处理下根尖 ROS 的荧光标记显示

（二）抗氧化酶活性

采用水培试验，1/4 浓度的 Hoagland 完全营养液。烟草为黄花烟草品种阳高小兰花和普通红花烟草品种中烟 100。试验处理 Cd 为 0 和 50 μmol/L。采集烟苗根检测抗氧化酶过氧化氢酶（CAT）和超氧化物歧化酶（SOD）的活性。

黄花烟草和普通烟草中的 SOD 和 CAT 活性在 Cd 处理下均显著提高。虽然对照时黄花烟草 SOD 活性显著低于红花烟草，但 Cd 处理下两个酶活性均无显著性差异。Cd 处理后，黄花烟草和红花烟草的 SOD 活性分别提高1 162% 和 57%，而 CAT 活性分别提高了 235% 和 119%，说明烟草为应对 Cd胁迫增强了烟草根系的抗氧化能力（图 4-3-14）。

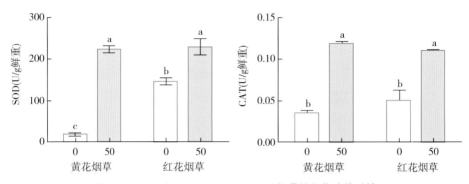

图 4-3-14　0 和 50 μmol/L Cd 处理下烟草抗氧化酶的活性

四、谷胱甘肽

（一）谷胱甘肽与疏基转移酶

谷胱甘肽（GSH）可通过金属螯合、细胞抗氧化等作用提高作物 Cd 耐性，增加作物 Cd 的积累。因此，本研究同样采用水培试验，1/4 浓度的Hoagland 完全营养液。烟草品种为黄花烟草阳高小兰花和普通红花烟草品种中烟 100。试验处理 Cd 为 0 和 50 μmol/L。采集幼苗检测 GSH 和氧化型谷胱甘肽（GSSG）的含量以及谷胱甘肽疏基转移酶（GST）的活性。如图 4-3-15所示，Cd 处理后，烟草 GSH 含量均显著增加，而且 GST 的活性也显著增强。

从品种差异来看，两个烟草品种在 0 和 50 μmol/L Cd 处理下 GSH 含量均无显著差异，说明 GSH 的合成能力相近。但是，GSSG 的含量，黄花烟草在Cd 处理下显著降低，而红花烟草则显著升高，因此，黄花烟草 GSH/GSSG比值显著升高，而红花烟草无显著性差异，说明黄花烟草的细胞比红花烟草的细胞更倾向于还原状态，具有更强的抗氧化能力。而且，Cd 处理与否，黄花烟草 GST 的活性均显著高于红花烟草。无 Cd 对照，黄花烟草的 GST 活性是红花烟草的 4.35 倍，而 Cd 处理黄花烟草的 GST 活性是红花烟草的 2.54倍。所以，黄花烟草比红花烟草对 Cd 具有更强的抗氧化和解毒潜力。

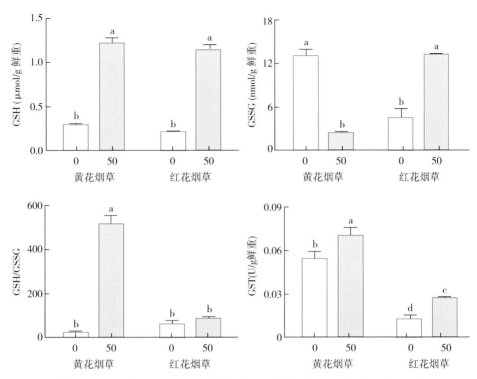

图 4-3-15 0 和 50 μmol/L Cd 处理下烟草谷胱甘肽含量及巯基转移酶活性

（二）外源谷胱甘肽对烟叶 Cd 积累的影响

设置 0、5、20、50、100、200 μmol/L 的 Cd 浓度梯度，均添加 100 μmol/L GSH，除 Cd 浓度对照，还增加了 100 μmol/L N- 乙基顺丁烯二酰亚胺（NEM）对 Cd 动力学影响的处理（表 4-3-2）。NEM 是一种巯基（—SH）抑制剂。处理 3 d 后，检测叶片的 Cd 含量。结果表明，烟草 Cd 吸收动力学符合米氏方程（Michaelis–Menten equation），R^2 值达到 0.992，两个处理下的烟草 Cd 吸收动力学也符合米氏方程，R^2 值均超过 0.96。从吸收曲线和参数可以看出，巯基抑制剂 NEM 的存在显著降低了烟叶的 Cd 含量，其动力学参数 V_{max} 较对照降低了一半多，而 GSH 则显著增加了烟叶 Cd 含量，其 V_{max} 较

表 4-3-2 烟草 Cd 吸收动力学参数

参数	100 μmol/L GSH+Cd	100 μmol/L NEM+Cd	CK
V_{max}	263.45	74.45	162.17
K_m	172.61	437.63	223.65

对照增加了一半多。由于谷胱甘肽是一个含一个巯基（—SH）和两个羧基（—COOH）的三肽，可能是巯基在促进 Cd 运输和解毒中起到了重要的作用（图 4-3-16）。

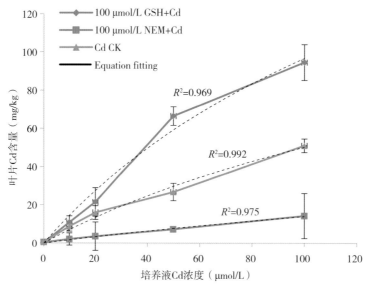

图 4-3-16　烟草 Cd 吸收动力学

因此，谷胱甘肽也参与了烟草 Cd 的解毒，为应对 Cd 毒性烟草提高谷胱甘肽的合成，其相关酶活性也相应提高。而且，GSH 在黄花烟草对 Cd 的解毒作用强于红花烟草。

总之，烟草中去离子水、NaCl 和醋酸提取态的 Cd 占植株总 Cd 含量的 60% 以上。醋酸提取态的 Cd 是烟草 Cd 的主要储存和解毒形态，而 NaCl 提取态和水提取态是 Cd 的迁移形态，在外界 Cd 浓度增加时，也可以作为主要的 Cd 储存和解毒形态。在从根茎向叶的迁移过程中，水提取态在运输过程中随时间缓慢向较为稳定的醋酸提取态转化。不同烟草品种因对 Cd 的应对策略不同而形态有所差异。

烟草亚细胞层次，Cd 主要存在于细胞核糖体可溶性组分（液泡）和细胞壁中，而细胞核、叶绿体和线粒体中 Cd 不足 15%。液泡和细胞壁对 Cd 的区隔化作用是烟草 Cd 解毒的主要途径，不同品种对 Cd 的耐性能力和应对策略有所差异。

Cd 处理增加了烟草活性氧物质 H_2O_2 和 $O_2^{\cdot-}$ 的含量；为应对其胁迫，烟草增强了抗氧化能力，谷胱甘肽（GSH）、谷胱甘肽巯基转移酶（GST）、抗氧化酶过氧化氢酶（CAT）和超氧化物歧化酶（SOD）的活性均显著提高。

参考文献

Lin Y F, Aarts M G M, 2012. The molecular mechanism of zinc and cadmium stress response in plants[J]. Cellular and Molecular Life Sciences (69): 3187–3206.

Yadav S K, 2010. Heavy metals toxicity in plants: An overview on the role of glutathione and phytochelatins in heavy metal stress tolerance of plants[J]. South African Journal of Botany (76): 167–179.

第五章

烟叶重金属
限量阈值研究

第一节
烟叶 – 烟气重金属迁移规律

微量元素在每千克烟草内含量一般在几十微克到几百毫克，但却是烟叶化学成分的重要组成部分。卷烟燃烧时产生的烟气是一个包含 5 000 多种气体和微粒成分的复杂气溶胶体系，其中大量物质可进一步通过肺和肠道等器官被人体吸收。烟气中一些有害物质，如焦油、CO 和烟碱已经得到了广泛的研究，卷烟烟气中的部分微量元素因对植物生长有益或对人体有健康风险也受到关注，其中，Hoffmann 名单将 Cr、Ni、Cd、As、Se、Hg、Pb 列为重要的一类有害成分。

烟气由主流烟气与侧流烟气组成。主流烟气中物质常用捕集器主要有滤片、静电捕集器、冷阱及碰撞捕集器。滤片捕集烟气具有处理较简单、结果重复性好等优点而被广泛应用。侧流烟气中金属元素释放量的测定方法主要有根据卷烟、烟灰、滤嘴、主流烟气等各部分中元素测定量计算得到的间接法及采用鱼尾罩和玻璃纤维滤片收集侧流烟气粒相物，稀硝酸溶液捕集气相物的直接法。烟气重金属的迁移率受烟丝重金属含量、滤棒吸阻和滤嘴长度、接装纸和成型纸透气度、卷烟纸特性等因素影响，同时也因重金属检测方法、供试材料代表性、检测种类等有所差异。

一、烟气重金属迁移研究方法构建

（一）卷烟烟支的准备

将标准卷烟机卷制的烟支拆分为烟丝、烟纸、滤嘴、接装纸 4 个部分，分别进行前处理，每个样品重复 5 次，即拆分 5 支烟。烟支元素的含量参照烟草行业标准《烟草及烟草制品 铬、镍、砷、硒、镉、铅的测定 电感耦合等离子体质谱法》（YC/T 380—2010）的方法，HNO_3–H_2O_2 消解，ICP-MS 测定。

（二）烟气样品制备

按照《烟草及烟草制品 调节和测试的大气环境》（GB/T 16447—2004）

规定的条件对试验样品进行平衡，然后挑选平均质量 ±0.02g 样品为测试卷烟，采用国家推荐标准《常规分析用吸烟机　定义和标准条件》（GB/T 16450—2004）规定的条件抽吸测试卷烟。烟气主流烟气粒相部分采用高纯石英滤膜收集，分 3 次使用 30 mL 甲醇洗脱，合并提取液到消解罐中，在 90℃下使甲醇挥发至 1 mL 左右。加入 5 mL 浓硝酸和 2 mL 双氧水，通风橱内 90℃下预消解 30 min；补加 2 mL 浓硝酸和 1 mL 过氧化氢，放入微波消解仪中消解；消解后样品定容到 50 mL，用 ICP-MS 进行分析。参照烟草行业标准《卷烟　主流烟气中铬、镍、砷、硒、镉、铅的测定　电感耦合等离子体质谱法》（YC/T 379—2010）进行测定。

烟气收集的同时收集烟支抽吸后的烟灰、烟蒂烟丝、滤嘴和接装纸，参照《烟草及烟草制品　铬、镍、砷、硒、镉、铅的测定　电感耦合等离子体质谱法》（YC/T 380—2010）的方法，HNO_3-H_2O_2 消解，ICP-MS 测定。

二、烟叶 – 烟气重金属迁移规律

（一）卷烟各部分重金属组成

从烟支含量结果看，烟纸、滤嘴、接装纸含量差异较小，烟丝 As、Cd、Hg 和 Pb 占整个烟支的 96% 以上，且烟丝是卷烟重金属含量差异的主要因素。另外，卷烟烟纸、过滤嘴和接装纸中的 Cr 含量均超过 10%（图 5-1-1）。

（二）卷烟燃吸后重金属归宿

卷烟燃吸后，3/4 以上的 As、Pb 进入了烟灰，而 Cd、Cr 和 Hg 进入烟灰则不到 1/3。Cd 和 Hg 均超过 55% 进入了烟蒂，即抽吸后剩余的烟丝中，而 Cr 则进入滤嘴和接装纸中近 2/3。烟气 5 种重金属转移率均低于 5%（图 5-1-2）。

总之，卷烟中烟丝中重金属 As、Cd、Hg 和 Pb 的含量占总量的 90% 以上，卷烟燃吸后，3/4 以上的 As、Pb 进入了烟灰，超过一半的 Cd 和 Hg 进入烟蒂，而近 2/3 的 Cr 则进入滤嘴和接装纸，进入烟气中的重金属基本均低于 5%。

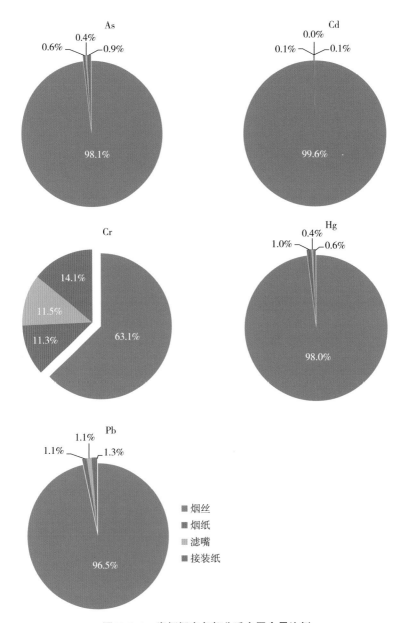

图 5-1-1　卷烟烟支各部分重金属含量比例

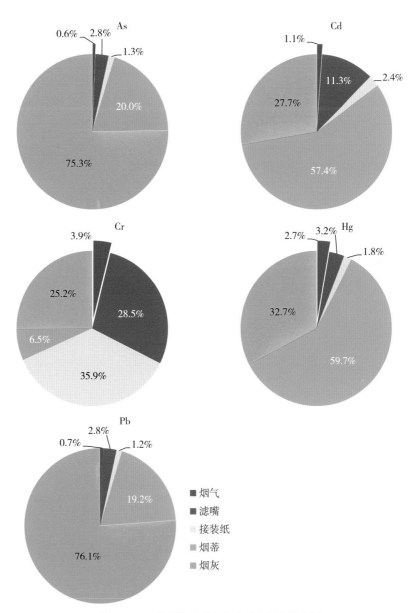

图 5-1-2　卷烟抽吸后各部分重金属含量比例

第二节
烟叶重金属限量阈值研究

由于人体呼吸吸收和消化吸收的差别使得烟草中重金属的健康风险评估更加复杂，多暴露量途径（食物摄入、呼吸吸入和皮肤接触）的风险评估方法、参数（如呼吸摄入限量）等也不甚完整。因此，拟采用利用空气 Cd 摄入限量（10%）和利用肠胃 Cd 吸收限量（10%）两种方法进行烟草 Cd 控制基准的推算，采用空气健康风险评估方法进行烟草 5 种重金属控制基准的推算。

一、基于空气镉摄入限量的烟草镉限量阈值研究

根据空气 Cd 摄入限量 [100 µg/（人·d）] 对烟叶中 Cd 限量进行了计算。按照以下方程：烟叶 Cd 限量（mg/kg）= 吸烟摄入限量 [µg/（人·d）]/{主流烟气中 Cd 占烟叶中镉的比例（%）× 吸烟量 [g/（人·d）]}。

世界卫生组织（WHO）对使肾皮质镉浓度达到临界浓度（200 mg/kg）时相应的大气镉摄入量进行了估算，得出空气摄入限量 100 µg/（人·d）。按吸烟摄入占空气 Cd 摄入限量 10% 计算，即 10 µg/（人·d）。以吸烟量 20 g/（人·d）进行计算，香烟 Cd 在主流烟气分配系数为 5% ～ 10%，所以，得到烟叶中 Cd 摄入限量 = 10/[（5% ～ 10%）× 20] =10 mg/kg ～ 5 mg/kg。因此，忽略卷烟过滤嘴的作用，假设烟气和空气中 Cd 有效性相等，烟叶中 Cd 的限量可推荐为 5 mg/kg。

二、基于肠胃呼吸吸收差异的烟草镉限量阈值研究

限量方程如下：烟叶 Cd 限量（mg/kg）= 烟草摄入限量 [200 µg/（人·d）]/{主流烟气中 Cd 占烟叶中 Cd 的比例（%）× 吸烟量 [g/（人·d）]}。其中，烟草 Cd 摄入限量 = 10% 肠胃摄入限量 × 肠胃吸收系数 / 呼吸吸收系数。其他参数及推算结果如表 5-2-1。

因此，烟叶中 Cd 的限量可推荐为 2 ～ 4 mg/kg，此数据与欧洲无烟香烟组织制定的无烟香烟 Cd 限量值相似（2 mg/kg）。

表 5-2-1 利用肠胃吸收限量推导烟草 Cd 控制基准参数

参数	数值
肠胃吸收系数（5% ～ 10%）	7.50%
肠胃摄入限量（140 ～ 260 ）	200 μg/（人·d）
呼吸吸收系数（25% ～ 50%）	37.50%
烟草 Cd 摄入限量（按肠胃摄入限量 10%）	4 μg/（人·d）
吸烟量	20 g/（人·d）
香烟镉在主流烟气分配系数	5% ～ 10%
烟叶中镉摄入限量	2 ～ 4 mg/kg

总之，通过采用利用空气摄入限量和利用肠胃 Cd 吸收限量两种方法进行烟草 Cd 控制基准的推算，阈值范围为 2 ～ 5 mg/kg。

第三节
基于空气健康风险评估的
烟草重金属限量阈值研究

气溶胶是由固体或液体小质点分散并悬浮在气体介质中形成的胶体分散体系，大气中的气体介质与悬浮其中的固体和液体颗粒组成的多相体系即是气溶胶，雾、霾、飘尘、烟雾等也都属于气溶胶。卷烟烟气气溶胶与大气气溶胶均由不同粒径大小的颗粒物构成，且重金属的分布也相近，均易于富集在粒径较小的颗粒物中，其中 75% ～ 90% 的重金属分布在可吸入颗粒物（PM10，粒径 < 10 μm）中，且颗粒越小，重金属含量越高（Rizzio et al.，1999；王洪波等，2014）。气溶胶的可吸入颗粒物可在呼吸道沉积，给人体健康带来风险，因而对环境大气重金属的健康风险评价一直是国内外研究的热点（刘蕊等，2014）。随着风险评估方法的逐渐成熟，国内外相关学者开始将空气健康风险评价应用于烟草及烟气有害成分的风险评定中（郭军伟等，2015）。本研究创新性地采用空气健康风险评价方法反向推导烟草重金属限量阈值。

一、推导方法

（一）健康风险评估方法

根据美国环境保护局（EPA）提出的健康风险模型为基本框架，利用呼吸系统吸入暴露途径，烟草抽吸重金属日平均剂量和终生平均日浓度计算公式如下：

$$LADI = SR \times \frac{EF \times ED}{InhR \times AT} \tag{5-3-1}$$

式中：$LADI$ 为终生平均日浓度（mg/m³）；SR 为烟气重金属日均释放量（mg/d）；EF 为暴露频率（d/年）；ED 为暴露年限（年）；$InhR$ 为呼吸频率（m³/d）；AT 为重金属平均暴露时间（d）。

而烟气重金属日均释放量 SR 可通过收集烟气释放量进行检测，也可通过如下公式利用烟叶含量进行计算：

$$SR = C \times TR \times M \times CpD / 100 \qquad （5-3-2）$$

式中：C 为烟丝（烟叶）重金属含量（mg/kg）；TR 为烟叶至烟气重金属转移率（%）；M 为卷烟单支质量（特指燃吸部分的质量）（kg/ 克）；CpD 为日均抽吸卷烟支数（支 /d）。

健康风险的评价，又区分非致癌元素与致癌元素，本研究中 5 种元素中 Hg 和 Pb 属于非致癌元素，使用非致癌风险商 HQ 进行风险评估；而 As、Cd 和 Cr 属于致癌元素，则使用致癌风险指数 Risk 进行评价。相应公式如下：

$$HQ = LADI / RfC \qquad （5-3-3）$$

$$Risk = LADI \times URF \qquad （5-3-4）$$

式中：HQ 为非致癌风险商；Risk 为致癌风险指数；RfC 为吸入途径的参考浓度（mg/m^3），表示不会引起人体不良反应的污染物最大浓度；URF 为单位致癌系数（m^3/mg），表示人体暴露于一定剂量某种污染物下产生致癌效应的最大概率。

（二）推导方法

由于非致癌风险商 HQ 表征单种污染物通过某一途径的非致癌风险，一般认为，当 HQ < 1 时，风险较小或可以忽略；当 HQ > 1 时认为存在非致癌风险。因此，非致癌风险可接受临界点时，HQ=1，此时根据公式（5-3-3），LADI=RfC，从而可通过公式（5-3-1）推算出烟气重金属日均释放量 SR，再通过公式（5-3-2）推算烟丝（烟叶）重金属含量 C。此时的 C 即是为烟气重金属非致癌风险可接受临界时的烟丝（烟叶）重金属，可作为烟丝（烟叶）重金属限量值制定时的参考依据。

致癌风险指数 Risk 表示癌症发生的概率，通常以单位数量人口出现癌症患者的比例表示，当 Risk < 10^{-6} 时，即一百万人中尚不到一人，认为无致癌风险；当 Risk=10^{-6} ～ 10^{-4} 时，认为致癌风险可接受；当 Risk=10^{-4} ～ 10^{-3} 时，认为存在低致癌风险；当 Risk=10^{-3} ～ 10^{-2} 时，认为存在中致癌风险；当 Risk > 10^{-2} 时，认为存在高致癌风险。因此，当存在致癌风险可接受临界点时，Risk=10^{-4}，LADI=1×10^{-4}/URF，从而可通过公式（5-3-1）、（5-3-2）推算 SR 和 C，此时 C 即是为烟气重金属低致癌风险临界点时的烟丝（烟叶）重金属，也可作为烟丝（烟叶）重金属限量值制定时的依据。

二、健康风险参数的确定

由于人类活动影响环境污染暴露的时间、地点和程度，因此，行为模式暴露参数在健康风险评估中起到关键作用。为了更为客观评估我国居民暴露污染的健康风险，本研究采用国家权威暴露参数或最新发布的相关权威数据，见表 5-3-1。

表 5-3-1 暴露计算相关参数

参数	意义	单位	数值	来源
BW	体重	kg	60.6	环保部，2013
$InhR$	呼吸频率	m³/d	15.7	环保部，2013
EF	暴露频率	d/年	365	默认值
ED	暴露年限	年	57	人均寿命 -18
AT	平均暴露时间	d	非致癌：$ED \times EF$ 致癌：人均寿命 $\times EF$	中国人均寿命 75 岁，WHO，2015
CpD	每人每天抽吸支数	支/d	15.2	中国疾病预防控制中心，2015
M	每支卷烟燃吸部分质量	kg/支	0.0007	

在暴露量计算中，致癌物和非致癌物的平均暴露时间（AT）取值不同。在非致癌重金属暴露量计算中，暴露时间（$EF \times ED$）等于平均暴露时间 AT，而在致癌风险评估中，暴露时间为暴露于污染物中的时间，而作用时间 AT 为整个生命周期。

通常一支卷烟是由原料（烟丝）与辅助材料（卷烟纸、滤嘴、接装纸、黏合剂）组成，通常原料烟丝的质量约占烟支总质量的 73%。现市场上常规卷烟标准设计单支质量均小于 1.0 g，因此，本研究中每支卷烟燃吸部分质量定义为 0.7 g。

现有健康风险评估中重金属暴露参考浓度 RfC 和致癌风险值 URF 基本均来源于美国环保署，也引用了我国国家环境保护部（以下简称环保部）发布的标准，因此本研究也采用同样数据（表 5-3-2）。

表 5-3-2 重金属暴露参考浓度与致癌风险值

参数	As	Cd	Cr	Hg	Pb	来源
RfC	0.000015	0.00001	0.0001	0.0003	0.0005[a]	环保部，2014（HJ 25.3-2014）
URF	4.3	1.8	0.84			环保部，2014（HJ 25.3-2014）
TR	1.24	3.60	4.55	5.73[b]	1.62	本研究

注：a：Pb 的 RfC 数值参考《环境空气质量标准》（GB 3095—2012）中 Pb 的年平均浓度限值；b：Hg 的烟气转移率为从文献计算的主流烟气粒相部分平均转移率与主流烟气气相部分转移率之和。

三、烟气重金属转移率的确定

至于卷烟中烟气的重金属转移率，现有研究从方法到结果差异较大。常用烟气重金属收集方法主要有烟气捕集器法、滤片法和差减法，其中烟气捕集器法相对稳定，但进口设备价格高且需要对过滤物进行洗脱；差减法成本最低且操作简单，但并不能区分主流与侧流烟气；滤片法性价比最高，但现有研究滤片选择的不同，结果差异也较大，使用最多是石英滤片和剑桥玻璃纤维滤片，其中背景值前者较低。表5-3-3列出近年部分文献中使用静电捕集法和滤片法测定主流烟气和同时检测的测流烟气重金属的转移率与对应采集方法。

表5-3-3　卷烟烟气重金属采集方法与转移率　　　　　　　　　　%

类型	方法	As	Cd	Cr	Hg	Pb	来源
主流	滤片法		5.20			11.27	汤平涛等，1995
主流	滤片法	2.00	5.30				Wu et al.，1997
主流	滤片法		6.20		11.94	6.48	Hammond and O'Connor，2008
主流	石英滤片	2.31	3.27	0.11	2.11	3.18	王绍坤等，2011
主流	滤片法		2.00			5.79	Ashraf，2012
主流	静电捕集	2.36	7.50	2.14		3.96	江今朝等，2013
主流	滤片法	3.55	13.83	1.42		5.73	朱风鹏等，2015
主流	石英滤片	3.20	9.27	0.37			周茂忠等，2017
主流	石英滤片	0.90	1.76	2.99	3.03	1.17	本研究均值
主流	石英滤片	0.64	0.87	1.19	1.57	0.52	本研究最小值
主流	石英滤片	1.24	3.60	4.55	5.73	1.62	本研究最大值

从表5-3-3数据中可以发现，滤片法收集主流烟气和侧流烟气重金属的和与文献中差减法计算的烟气重金属总量基本一致，而静电捕集法检测的总烟气和主流烟气也分别与差减法和滤片法相一致，所以差减法、滤片法和捕集器法3种收集方法虽然结果有所差异，但总体结果规律相一致，而且部分研究原即是同时采用烟气捕集法的结果以证明所用方法的准确性（崔德松和刘玺祥，2009；王明锋等，2014）。数据表明，不同重金属的主流烟气转移率是不同的，Cd和Hg转移率较高，Cr、Cu、Pb相对较低，这可能与其沸点温度的差异有关。研究还发现，侧流烟气重金属转移率基本上高于主流烟气，

特别是采用正常抽吸法一般在滤嘴前尚剩余有部分烟蒂时。因此，烟气重金属转移率采用本研究的最高值。有研究表明，主流烟气气相部分仅有 Hg 检测出来，平均转移率为 20.3%，其他重金属未检出（王绍坤等，2011），可能是由于 Hg 沸点（356℃）远低于卷烟燃烧锥温度（900℃），使其可直接挥发到烟气中。As、Cd、Se 的沸点也低于卷烟燃烧锥温度，但在抽吸降温过程中只能凝固而与其他高沸点重金属 Cr、Cu、Pb、Ni 等一样附着于烟气固相或液相颗粒中。因此，Hg 的烟气转移率中需要包括粒相和气相两部分。

四、烟气重金属释放参考量的推导

通过公式（5-3-1）可以计算出烟气重金属日均释放参考量，表 5-3-4 通过 *HQ* 和 *Risk* 两种推算出的结果，并根据我国吸烟者每天平均吸烟量计算出每支卷烟重金属释放参考量。可以发现，通过降低每天抽吸量可以降低每天重金属摄入量以降低重金属的健康风险。烟气重金属释放参考量也可用于卷烟产品重金属释放限量标准制定的参考。

表 5-3-4　烟气重金属日均释放参考量和卷烟重金属释放参考量

计算方法	单位	As	Cd	Cr	Hg	Pb
通过 *HQ* 计算	μg/d				4.71	7.85
	μg/支				0.310	0.516
通过 *Risk* 计算	μg/d	0.48	1.15	2.46		
	μg/支	0.032	0.076	0.162		
成人日摄入限量	μg/d	18.2	60.6	181.8	18.2	213.3

通过参考 HJ 25.3—2019 和 DB11/T-656—2009 中经口摄入重金属参考值 *RfD*［mg/（kg·d）］与我国成人人均体重（表 5-3-1），可计算出我国成人日摄入限量。从数据可见，呼吸摄入远小于经口摄入最大限量。

五、烟叶重金属参考量与推荐限量

烟叶重金属参考量根据公式可以计算，如表 5-3-5。非致癌元素 Cu、Hg、Pb 和 Se 参考根据 *HQ* 计算的烟叶重金属参考值，致癌元素 As、Cd、Cr 和 Ni 主要参考根据 *Risk* 计算值。同时参考基于空气镉摄入限量和肠胃呼吸吸收差异两种方法对烟叶 Cd 限量的推导结果，烟叶中 Cd 的限量标准推荐为 3.0 mg/kg。

表 5-3-5　烟叶重金属参考量　　　　　　　　　　　　mg/kg

计算方法	As	Cd	Cr	Hg	Pb
通过 *HQ* 计算				1.70	45.54
通过 *Risk* 计算	3.64	3.00	5.08		
推荐限量	0.85	3.0	3.0	0.2	5.0

　　按照推荐限量制定烟叶重金属推荐分级标准，其中安全等级即为低危害烟叶重金属限量（表 5-3-6）。

表 5-3-6　烟叶重金属推荐分级标准　　　　　　　　　　mg/kg

级别	分级		As	Cd	Cr	Hg	Pb
1	安全	<	0.60	2.10	2.10	0.14	3.50
2	尚安全	<	0.85	3.00	3.00	0.20	5.00
3	轻风险	<	1.70	6.00	6.00	0.40	10.0
4	风险	≥	1.70	6.00	6.00	0.40	10.0

　　总之，采用空气健康风险评估方法推算烟草 5 种重金属控制基准，推荐的烟叶重金属 As、Cd、Cr、Hg 和 Pb 限量分别为 0.85、3.0、3.0、0.2 和 5.0 mg/kg。

参考文献

崔德松, 刘玺祥,2009. ICP-MS 测定某品牌香烟和烟灰以及过滤嘴中 39 种元素并初步定量给出吸烟者摄入元素量的探讨 [J]. 微量元素与健康研究,26(4):53-54,57.

郭军伟, 王洪波, 谢复炜, 等,2015. 中国人群经吸烟暴露砷的健康风险评估 [J]. 烟草科技, 48(5):61-66.

环境保护部,2012. 环境空气质量标准（GB 3095—2012）[S]. 北京：中国环境科学出版社.

环境保护部,2013. 中国人群暴露参数手册（成人卷）[M]. 北京：中国环境出版社.

环境保护部,2014. 污染场地风险评估技术导则（HJ 25.3—2019）[S]. 北京：中国环境科学出版社.

江今朝, 彭书海, 习钦, 等,2013. 重金属元素在卷烟主流烟气中迁移率分析 [J]. 江西化工 (3):50-53.

刘蕊, 张辉, 勾昕, 等,2014. 健康风险评估方法在中国重金属污染中的应用及暴露评估模型的研究进展 [J]. 生态环境学报, 23(7): 1239-1244.

汤平涛, 李丽, 周少琴, 等,1995. 主流烟气钋 -210、镉、铅检测及醋酸纤维过滤作用 [J]. 卫

生毒理学杂志 ,9(4):248–249.

王洪波 ,李翔 ,谢复炜 ,等 ,2014. 不同粒径烟气气溶胶中有害成分的分布研究 [C]. CORESTA2014 年大会论文集 .

王明锋 ,朱保坤 ,王文元 ,等 ,2014. 差减法测定卷烟烟气中 7 种重金属质量分数 [J]. 云南农业大学学报 ,29(5):695–700.

王绍坤 ,罗华元 ,程昌新 ,等 ,2011. 卷烟中 6 种重金属的燃吸转移率与分布研究 [J]. 云南农业大学学报 , 26(5):656,661–667.

中国疾病预防控制中心 ,2015. 2015 年中国成人烟草调查报告 [OL]. https://www.chinacdc.cn/zxdt/201512/t20151228_123960.htm

周茂忠 ,张悠金 ,姚鹤鸣 ,等 ,2017. 卷烟主流烟气重金属迁移率与烟叶中重金属不同形态之间的关系研究 [J]. 中国烟草学报 ,23(2):1–12.

朱风鹏 ,李雪 ,罗彦波 ,等 ,2015. 卷烟纸特性参数对烟气中重金属迁移率的影响 [J]. 烟草科技 , 48(4):56–59.

Ashraf M W, 2012. Levels of heavy metals in popular cigarette brands and exposure to these metals via smoking[J]. The Scientific World Journal: 729430.

Hammond D, O'Connor R J, 2008. Constituents in tobacco and smoke emissions from Canadian cigarettes[J]. Tobacco Control,17:24–31.

Rizzio E, Giaveri G, Arginelli D, et al, 1999. Trace elements total content and particle sizes distribution in the air particulate matter of a rural residential area in north Italy investigated by neutron activation analysis[J]. Science of the Total Environment, 226:47–56.

WHO, 2015. World Health Organization, World Health Statistics 2015[OL]. http://apps.who.int/iris/bitstream/10665/170250/1/9789240694439_eng.pdf?ua=1&ua=1

Wu D, Landsberger S, Larson S M, 1997. Determination of the elemental distribution in cigarette components and smoke by instrumental neutron activation analysis[J]. Journal of Radioanalytical and Nuclear Chemistry, 217(1):77–82.

第六章

烟草重金属消减技术体系构建与集成应用

第一节
土壤重金属钝化技术

重金属在土壤中的赋存形态主要有水溶态、交换态、碳酸盐结合态、铁锰氧化物态、有机结合态、残渣态，其中水溶态和交换态重金属易被作物吸收利用，而后 4 种形态则不易被作物吸收利用。由于重金属在土壤中迁移性较低，可通过各种土壤重金属钝化技术改变重金属在土壤中的赋存形态，降低重金属元素在土壤中的迁移性和生物有效性，从而减少作物对重金属的吸收。重金属钝化剂通过吸附、沉淀、离子交换、还原等一系列反应，降低重金属的生物有效性。

一、酸碱度调整技术（生石灰、白云石粉）

采用盆栽试验，试验地点在安徽东至县市烟草公司育苗基地。供试土壤为水稻土，As、Cd、Cr、Hg 和 Pb 含量分别为 8.6、0.22、71.3、0.12、27.3 mg/kg，供试烟草品种为云烟 87。试验共设 5 个处理：对照 CK、生石灰 50 kg/ 亩、生石灰 100 kg/ 亩、白云石粉 50 kg/ 亩、白云石粉 100 kg/ 亩，每处理设置 3 次重复。将风干、去杂、压碎、过筛后的土壤装盆，每盆按 20 kg 称重装土。根据改良剂每亩施用量，换算成每盆的用量，则各处理每盆加入的改良剂为：两个处理分别为 6.66 g 和 13.33 g（0.66 g/kg 风干土）。装盘前将改良剂与称量好的肥料和土壤充分混匀。每盆施 N 11 g，肥料配比按 N : P_2O_5 : K_2O=1 : 1.5 : 3。按优质烤烟生产规范进行管理。烟叶取烤后中部叶进行检测。

通过施用生石灰和白云石粉调节土壤 pH 值。与对照相比，生石灰 50 kg/ 亩、生石灰 100 kg/ 亩、白云石粉 50 kg/ 亩、白云石粉 100 kg/ 亩处理在烟叶采烤结束时土壤 pH 值分别提高了 0.47、0.88、0.30 和 0.65。其中，同等用量下白云石粉对土壤 pH 值提高的幅度小于生石灰（图 6-1-1）。

土壤 pH 值上升后，烟叶 As 的含量都略有增加，但是差异并不显著；而烟叶 Cd、Hg 含量均显著降低，且与 pH 值具有线性相关（参见上章土壤理化性状的影响）；烟叶 Cr 和 Pb 均没有显著性变化（图 6-1-2 至图 6-1-4）。这是因为土壤 pH 值影响重金属在土壤中的有效态含量，当 pH 值上升时，土壤

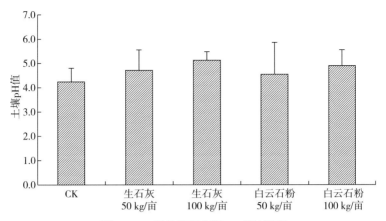

图 6-1-1 酸性植烟土壤 pH 值的调节

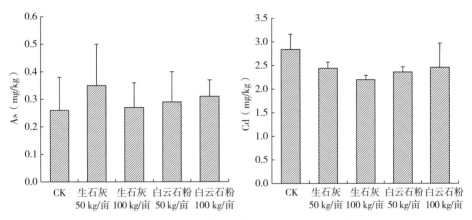

图 6-1-2 不同土壤 pH 值下烟叶 As、Cd 含量

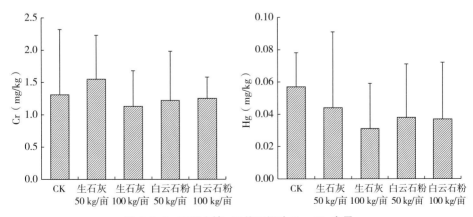

图 6-1-3 不同土壤 pH 值下烟叶 Cr、Hg 含量

Cd、Cr、Hg 和 Pb 含量降低,而 As 的有效态含量升高,所以烟叶相应产生变化,变化的幅度还与土壤具体特性有关。各处理对烟草生长、发育和烟叶质量均无显著影响。

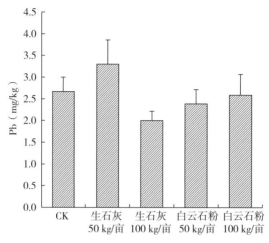

图 6-1-4 不同土壤 pH 值下烟叶 Pb 含量

福建南平和贵州遵义的研究也证实,调节土壤 pH 值对烟叶重金属都产生一定的影响,其中对烟叶 Cd 影响最明显,因为烟叶是富 Cd 植物,对 Cd 最为敏感(表 6-1-1,图 6-1-5 至图 6-1-7)。

表 6-1-1 施用生石灰对烟叶重金属的影响(福建) (mg/kg)

等级	处理 (kg/ 亩)	As	Cd	Cr	Hg	Pb
X2F	100	0.52	5.71	0.82	0.086	5.70
X2F	200	0.49	6.95	0.97	0.099	6.55
X2F	0	0.53	7.23	0.74	0.088	6.21
C3F	100	0.39	3.83	0.77	0.067	4.00
C3F	200	0.48	4.14	0.71	0.079	5.07
C3F	0	0.47	6.16	0.64	0.069	5.14
B2F	100	0.33	3.52	0.60	0.052	3.47
B2F	200	0.39	3.48	0.71	0.060	3.99
B2F	0	0.38	5.29	0.60	0.053	3.94

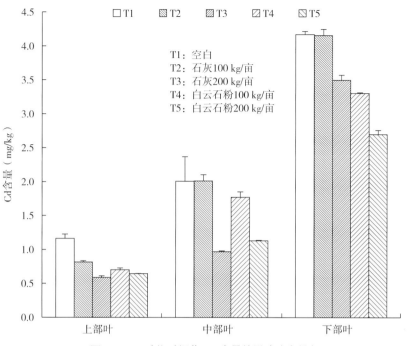

图 6-1-5　矿物对烟草 Cd 含量的影响（贵州）

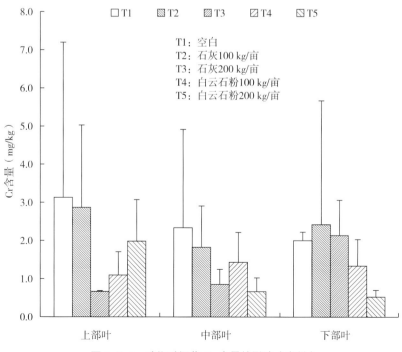

图 6-1-6　矿物对烟草 Cr 含量的影响（贵州）

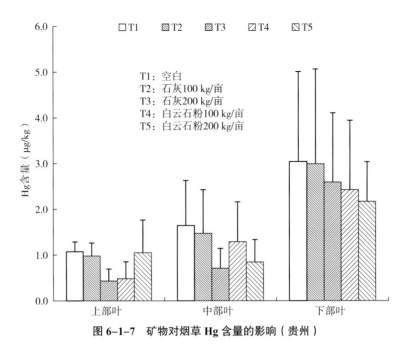

图 6-1-7　矿物对烟草 Hg 含量的影响（贵州）

二、吸附技术（生石灰、赤泥粉、海泡石、活性炭）

（一）不同赤泥用量的比较

1. 试验方法

田间小区试验，试验地点在云南省宣威市。供试土壤为当地红壤，烟草品种为云烟 87。设 5 个处理。赤泥（pH 值 11.1）取自中国铝业山东分公司，X 射线衍射分析其矿物组成为：Fe_2O_3 28%，Al_2O_3 21%，SiO_2 20%，Na_2O 11%，CaO 6.2%，TiO_2 3.3%，MgO 1.3%，K_2O 0.26%。105℃下烘干至恒重，磨碎后过 1 mm 筛备用，以下试验同此。赤泥粉采用 100、200、300、500 kg/ 亩。试验小区规格 4.8 m×5 m，植烟行距 1.2 m，株距 0.5 m，每处理设置 3 个重复。移栽后按大田生产管理，进行生育期调查、农艺性状调查、病虫害调查，记录相关农艺操作事项。烤后烟叶采集检测。

2. 赤泥对烟草 Cd 的影响

赤泥各施用量对烟草各部位 Cd 都有降低作用，茎根中 Cd 的消减率为 8.4%～16.0%，上部叶为 12.7%～37.7%，中部叶为 9.8%～39.8%，下部叶为 8.9%～28.3%。各处理比较，烟草 Cd 消减率随赤泥施入量增加先升高后降低，在赤泥施入 200 kg/ 亩时效果的性价比最好（图 6-1-8）。

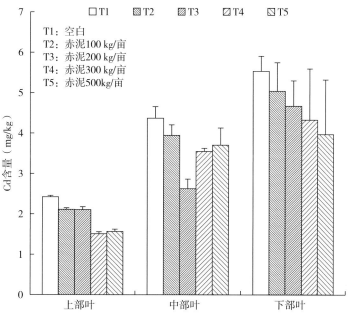

图 6-1-8　赤泥对烟草 Cd 含量的影响

（二）不同吸附剂的比较

1. 试验方法

采用田间小区试验，试验地点为贵州省贵阳市朱昌镇试验基地。供试土壤为当地黄壤，供试烟草品种为云烟 85。试验设 5 个处理，3 次重复，共 15 个小区（2012 年和 2013 年每个处理的小区位置不变），各处理及施肥方案见表 6-1-2。小区面积 5 m×4.8 m，行距 1 m，株距 0.6 m，移栽密度 1 100 株/亩。试验四周设 1 m 宽走道，重复之间设 0.5 m 走道。亩施纯氮 6 kg，其中基肥亩施纯氮 4 kg，起垄前与钝化剂一起条施；追肥亩施纯氮 2 kg，分别在移栽后 15 d 和 25 d 在烟株旁边打洞穴施，每次亩追施纯氮 1 kg。

表 6-1-2　不同吸附剂用量

处理	钝化剂种类	2012 年 施用量（kg/ 亩）	2013 年 施用量（kg/ 亩）
1	对照	/	/
2	生石灰	100	/
3	赤泥粉	300	/
4	海泡石	500	/
5	活性炭	250	/

2. 不同吸附剂对烟叶生长的影响

不同处理对烤烟生长的影响见表6-1-3。2012年，试验选用的钝化剂材料中，施用100 kg/亩生石灰对烤烟生长有一定影响，其茎高、茎围等农艺指标不及处理1（对照），施用赤泥粉、海泡石和活性炭对烤烟生长的影响不大。2013年，各处理田间长势基本一致。

表6-1-3　不同钝化剂处理对烤烟栽后50 d生长的影响

处理		茎高（cm）	茎围（cm）	叶片数（cm）	最大叶长宽	
					叶长（cm）	叶宽（cm）
1	2012	65.97	8.50	16.04	53.54	22.20
	2013	62.54	7.56	15.23	51.92	20.12
2	2012	55.30	7.09	14.11	43.21	20.78
	2013	63.29	7.15	15.76	52.19	21.35
3	2012	64.91	8.27	16.02	54.62	22.05
	2013	61.98	7.24	16.01	53.02	20.78
4	2012	65.40	8.59	16.30	53.66	22.40
	2013	63.45	7.92	15.97	52.64	19.76
5	2012	65.70	8.18	16.37	52.97	21.90
	2013	62.16	7.28	16.02	51.27	20.43

3. 不同吸附剂对烟叶As含量的影响

对烟叶As含量的影响，见图6-1-9。2012年，施用钝化剂的处理与对照相比，钝化剂对烟叶As含量都有一定程度的减少。施用生石灰、赤泥粉、海泡石、活性炭处理烟叶中As的含量与对照相比降幅分别为36.08%、23.82%、33.97%和32.20%。钝化剂对烟叶中As的含量改良效果顺序为：生石灰＞海泡石＞活性炭＞赤泥粉。2013年，烟叶As含量整体低于2012年。施用生石灰和海泡石对烟叶As含量的后效没有降低作用，施用赤泥粉和活性炭对烟叶As含量的后效分别有3.57%和5.37%的降低作用。

4. 不同吸附剂对烟叶Cd含量的影响

施用不同钝化剂对烟叶Cd含量的影响，见图6-1-9。2012年，施用钝化剂的处理与对照相比，钝化剂对烟叶Cd含量都有一定程度的减少，施用生石灰、赤泥粉、海泡石、活性炭处理烟叶中Cd的含量与对照相比降幅分别为16.56%、7.36%、23.62%和15.35%，2012年施用钝化剂对烟叶Cd含量的改良效果顺序为：海泡石＞生石灰＞活性炭＞赤泥粉。从 2013 年后效试验结果来看，烟叶 Cd 含量整体低于 2012 年，施用钝化剂对烟叶 Cd 含量仍有一定的降低效果，只是降低幅度和趋势与 2012 年有一定的差异。2013 年，施用生石灰、赤泥粉、海泡石、活性炭处理烟叶中 Cd 的含量与对照相比降幅分别为 5.72%、3.21%、14.9% 和 0.21%，对烟叶 Cd 含量的改良效果顺序为：海泡石＞生石灰＞赤泥粉＞活性炭。因此，施用海泡石和生石灰对烟叶 Cd 含量的调控后效仍较为明显，其次是施用赤泥粉，施用活性炭的后效基本消失。

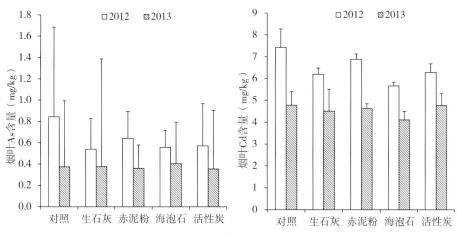

图 6-1-9　钝化剂处理对烟叶 As、Cd 含量的影响

5. 不同吸附剂对烟叶 Cr 含量的影响

对烟叶 Cr 含量的影响，见图 6-1-10。2012 年，施用钝化剂的处理与对照相比，除赤泥粉外，其他 3 种钝化剂对烟叶 Cr 含量都有一定程度的减少。施用生石灰、海泡石、活性炭处理烟叶中 Cr 的含量与对照相比降幅分别为 56.72%、52.00% 和 16.16%，而赤泥粉处理烟叶中 Cr 的含量比对照提高 52.79%。钝化剂对烟叶中 Cr 的含量改良效果顺序为：生石灰＞海泡石＞活性炭。从 2013 年试验结果看，虽然施用赤泥粉的后效有降低作用，但这与 2012 年的结果不一致，原因还有待进一步分析，其他 3 种钝化剂的后效无降低作用。

6. 不同吸附剂对烟叶 Hg 含量的影响

对烟叶 Hg 含量的影响，见图 6-1-10。2012 年，加入钝化剂的处理与对照相比，除赤泥粉外，其他 3 种钝化剂对烟叶 Hg 含量都有一定程度的减少。施用生石灰、海泡石、活性炭处理烟叶中 Hg 的含量与对照相比降幅分别为 32.48%、24.23% 和 11.34%，而赤泥粉处理烟叶中 Hg 的含量比对照提高 29.75%，钝化剂对烟叶中 Hg 的含量改良效果顺序为：生石灰>海泡石>活性炭。2013 年，因对照烟叶未能检测出烟叶 Hg 的含量，后效评价无意义，但与前一年对照相比，仍有相当的降低作用。

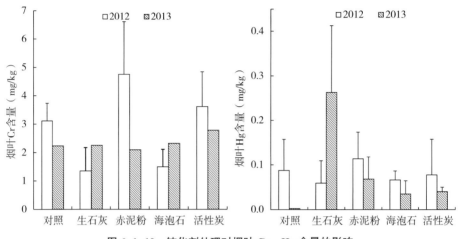

图 6-1-10　钝化剂处理对烟叶 Cr、Hg 含量的影响

7. 不同吸附剂对烟叶 Pb 含量的影响

对烟叶 Pb 含量的影响，见图 6-1-11。2012 年，施用钝化剂的处理与对照相比，钝化剂对烟叶 Pb 含量都有一定程度的减少。施用生石灰、赤泥粉、海泡石、活性炭处理烟叶中 Pb 的含量与对照相比降幅分别为 34.78%、2.77%、32.53% 和 19.72%。钝化剂对烟叶中 Pb 的含量改良效果顺序为：生石灰>海泡石>活性炭>赤泥粉。2013 年，烟叶 Pb 含量整体低于 2012 年，后效降低作用较好的仍为生石灰和海泡石，分别为 1.11% 和 22.22%，施用赤泥粉和活性炭对烟叶 As 含量的后效无降低作用。

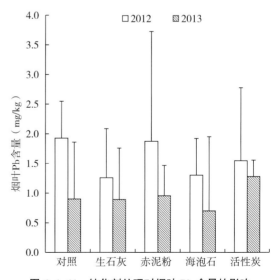

图 6-1-11　钝化剂处理对烟叶 Pb 含量的影响

8. 不同吸附剂对烟叶重金属影响的持效性

施用不同钝化剂对当季和第二季烟叶重金属含量的改良效果存在差异，而施用同一种钝化剂对当季和第二季烟叶不同重金属的改良效果也存在差异，见表 6-1-4。

表 6-1-4　不同钝化剂对烟叶重金属含量改良效果比较　　　　　　　　　　　%

年份	钝化剂	Cd	Hg	As	Pb	Cr
2012	生石灰	−16.56	−32.48	−36.08	−34.78	−56.72
	赤泥粉	−7.36	29.75	−23.82	−2.77	52.79
	海泡石	−23.62	−24.23	−33.97	−32.53	−52.00
	活性炭	−15.35	−11.34	−32.20	−19.72	16.16
2013	生石灰	−5.72	—	0.89	−1.11	1.05
	赤泥粉	−3.21	—	−3.57	5.93	−5.98
	海泡石	−14.09	—	8.04	−22.22	4.04
	活性炭	−0.21	—	−5.36	41.85	24.66

施用生石灰，当季能降低烟叶重金属含量，降幅比例在 16.56%～56.72%，对烟叶 Cd、Hg、As、Pb、Cr 含量的降幅顺序为：Cr ＞ As ＞ Hg ＞ Pb ＞ Cd。第二季后效只对烟叶 Cd 和 Pb 含量有降低作用，对降低烟叶 Cd 后效作用较为明显，对降低烟叶 Pb 后效作用较小。

施用赤泥粉，当季降低了烟叶 As、Cd 和 Pb 含量，其中以烟叶 As 含量降幅最大，其次是烟叶 Cd 含量。第二季后效有持续降低作用的是对烟叶 Cd、As 和 Cr 含量，分别降低 3.21%、3.57% 和 5.98%，对烟叶 Cr 含量降低作用最大。

施用海泡石，当季均能降低烟叶重金属含量，降幅比例在 23.62%～52.00%，对烟叶 As、Hg、Cr、Cd、Pb 含量的降幅顺序为：Cr ＞ As ＞ Pb ＞ Hg ＞ Cd。第二季后效有持续降低作用的是对烟叶 Cd 和 Pb 含量，分别降低 14.09% 和 22.22%。

施用活性炭，当季除烟叶 Cr 含量外，其他 4 种烟叶重金属含量均有不同程度降低，降幅比例在 11.34%～32.20%，对烟叶 As、Hg、Cd、Pb 含量的降幅顺序为：As ＞ Pb ＞ Cd ＞ Hg。第二季后效有持续降低作用的是对烟叶 Cd 和 As 含量，分别降低 0.21% 和 5.36%。

因此，在本田间试验条件下，施用钝化剂对当季烟叶重金属含量均有一定程度的降低作用，而第二季后效则因钝化剂种类或不同重金属元素各有差异。当季对烟叶 Cd 含量的降幅为 7.36% ~ 23.62%，以施用海泡石为最好，生石灰次之，第二季与当季趋势相比，降幅为 0.21% ~ 14.09%，以施用海泡石为最好，生石灰次之；当季烟叶 Hg 含量的降幅为 11.34% ~ 32.48%，以施用生石灰为最好，海泡石次之，第二季后效未能体现；当季对烟叶 As 含量的降幅为 23.82% ~ 36.08%，以施用生石灰为最好，海泡石次之，第二季只有赤泥粉和活性炭有后效，分别降低 3.57% 和 5.36%；当季对烟叶 Pb 含量的降幅为 2.77% ~ 34.78%，以施用生石灰为最好，海泡石次之，第二季只有海泡石和生石灰有后效，海泡石降低幅度大于生石灰；当季对烟叶 Cr 含量以生石灰和海泡石作用较好，但这个趋未能在第二季中持续体现，第二季只有赤泥粉有 5.98% 的降低作用。因此，从试验结果看，施用钝化剂能降低烟叶重金属含量，其当季和后效作用因钝化剂不同或因重金属元素不同各有差异，提示针对调控不同烟叶重金属应选择不同的钝化剂。

（三）吸附剂对烟叶重金属影响的机理

主要原理是吸附剂对土壤溶液中重金属离子的吸附。如沸石对 Cd 的吸收量是普通土壤的两倍，而赤泥则是普通土壤的 3 倍多。并且赤泥吸附快速，如果进行纳米化处理吸附效果更佳。

各种吸附剂对土壤 Cd 的吸附符合 Freundlich 和 Langmuir 两个模型，说明其中既存在物理吸附，也存在化学吸附（表 6-1-5）。

表 6-1-5　不同消减剂对 Cd 吸附的拟合参数

钝化剂	吸附等温线方程					
	Freundlich			Langmuir		
	K	$1/n$	r^2	K	B	r^2
赤泥	115.74	0.5802	0.9841	0.3046	13.0546	0.9826
酸洗赤泥	142.49	0.6060	0.9708	0.2949	16.7785	0.9937
纳米化赤泥	197.56	0.5111	0.9290	0.3469	31.0559	0.9994
沸石	69.36	0.6162	0.9814	0.2969	10.4913	0.9944
焙烧沸石	84.82	0.5707	0.9780	0.3020	13.4048	0.9807
玉米秸秆粉末	39.56	0.9693	0.9466	0.0396	2.9061	0.9994
疏基化秸秆粉末	68.68	0.7305	0.9663	0.2539	3.1918	0.8704
新鲜蒜苗残体	103.94	0.8230	0.9335	0.1609	3.5689	0.9966
褐潮土	33.21	0.6916	0.9937	0.2772	1.3116	0.9747

赤泥可使土中可交换态 Cd 减少 15% ～ 25%。赤泥降低土壤可交换态镉，增加氧化铁结合态和残渣态，且赤泥结合的镉 50% 以上是 EDTA 不能浸提的。通过 X 射线吸收近边结构（XANES）分析表明，Cd 在赤泥表面是以 XCdOH（X 代表赤泥表面基团）形式较为稳定的形态结合的，而且这种稳定的结合状态不易再被提取剂浸提（图 6-1-12）。

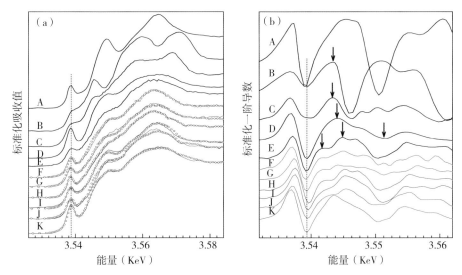

A: CdCO₃; B: CdO; C: Cd(OH)₂; D: Cd(NO₃)₂; E: Cd(OH)Cl; F: RMnano+1.0 mmol/L Cd;
G: RMnano+6.0 mmol/L Cd; H: RMa+1.0 mmol/L Cd; I: RMa+6.0 mmol/L Cd; J: RMo+1.0 mmol/L Cd;
K: RMo+6.0 mmol/L Cd and the Linear Combination Fit results (open circles).

图 6-1-12 Cd 吸附的 X 射线吸收近边结构（XANES）图谱

三、螯合技术（油菜秸秆、玉米秸秆、硫）

土壤中 Cd 易被植物吸收，我国农田 Cd 年平均增量为 0.004 mg/kg，为农田环境质量首要监控元素。目前，以工农业废弃物为钝化剂的原位钝化技术，因资源丰富、成本低廉、容易操作等优点，成为治理 Cd 污染土壤的研究热点。其中，冶铝工业副产物赤泥，呈碱性，比表面积大，被广泛地用于修复重金属污染的水和土壤。秸秆中含有丰富的有机官能团，如—COOH、—OH、C═O、—SH，能与 Cd 结合形成稳定化合物，降低土壤中镉生物有效性。此外，利用 Zn-Cd 拮抗作用，在 Cd 污染土壤中施锌肥可有效地降低植物 Cd 吸收。但关于钝化剂 - 锌肥联合钝化技术在降低植烟土壤 Cd 有效性及钝化时效性评价尚缺乏研究报道。本试验在中轻度 Cd 污染土壤上，研究赤泥、玉米秸秆和油菜秸秆钝化剂配施锌肥对 3 年烟草土壤 Cd 有效态浓度和烟草 Cd 含量消减效果及钝化稳定性，从中筛选出最优钝化组合，为低 Cd 含量烟草生产提供理论依据和技术指导。

（一）不同油菜秸秆用量的比较

1. 试验方法

采用田间小区试验，试验地点在云南省宣威市。供试土壤为当地红壤，烟草品种为云烟 87。设 5 个处理。油菜秸秆采用 50、100、200、300 kg/ 亩。试验小区 4.8 m×5 m，植烟行距 1.2 m，株距 0.5 m，每处理设置 3 个重复。移栽后按大田生产管理，进行生育期调查、农艺性状调查、病虫害调查，记录相关农艺操作事项。烤后烟叶采集检测。

2. 油菜秸秆对烟草 Cd 的影响

油菜秸秆各施用量对烟草各部位 Cd 都有降低作用，茎根中 Cd 的消减率为 2.5%～10.1%，上部叶为 0.4%～16.3%，中部叶为 10.1%～26.5%，下部叶为 7.4%～15.7%。各处理比较，烟草 Cd 消减率基本随油菜秸秆施入量增加而增加（图 6-1-13）。

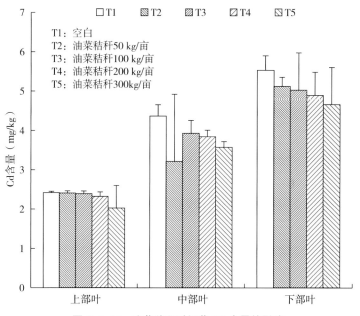

图 6-1-13　油菜秸秆对烟草 Cd 含量的影响

（二）油菜秸秆及其与赤泥的组合

1. 试验方法

采用田间小区试验，试验地点在云南省罗平县。供试土壤为当地红壤，供试烟草品种为 K326。供试油菜秸秆有两种，一种产自陕西，另一种产自当地。试验设 7 个处理，两种油菜秸秆采用 200 kg/ 亩，分别与赤泥粉采用 300、500 kg/ 亩相组合。试验小区规格 2.4 m×9 m，植烟行距 1.2 m，株距 0.6 m，每处理设置 3 个重复。试验物料由课题组提供。移栽后按大田生产管理，进行生育期调查、农艺性状调查、病虫害调查，记录相关农艺操作事项。

2. 油菜秸秆对烟叶 Cd 的影响

油菜秸秆各施用量对烟草各部位 Cd 基本都有降低作用，上部叶 Cd 消减率最高为 16.7%，中部叶消减率为 16.5% ～ 54.9%，下部叶为 12.0% ～ 25.9%。其中，课题组统一提供的北方油菜秸秆与当地南方油菜秸秆没有差异，同样对 Cd 具有消减效果。而且，两种油菜秸秆配施赤泥后，烟叶 Cd 消减率增加，且随配施赤泥量增加而增加（图 6-1-14）。

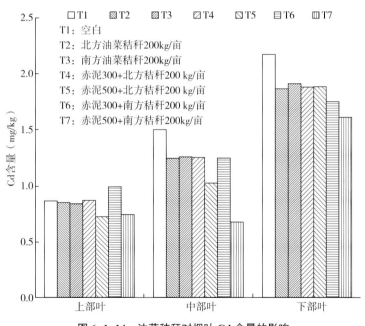

图 6-1-14　油菜秸秆对烟叶 Cd 含量的影响

（三）玉米秸秆及其与赤泥的组合

1. 试验方法

采用田间小区试验，试验地点为中国农业科学院德州实验站。供试土壤为当地潮土，pH 值 8.9，有机质含量 12 g/kg，土壤 Cd 含量 0.152 mg/kg。供试烟草品种为 NC55。试验设 7 个处理：CK、玉米秸秆（CS）150 kg/ 亩、油菜秸秆（RS）150 kg/ 亩、赤泥（RM）750 kg/ 亩、玉米秸秆（CS）150 kg/ 亩 +

赤泥（RM）750 kg/亩、油菜秸秆（RS）150 kg/亩 + 赤泥（RM）750 kg/亩。每小区（2 m×2 m）添加 1.5 mg/kg 外源 Cd，以 $CdSO_4 \cdot 8H_2O$ 形式加入，平衡 2 个月后，设置试验处理。种植前肥料一次性施入土壤，施纯氮 4 kg/亩，并按照 $N:P_2O_5:K_2O=1:1:2$ 的比例施加磷、钾肥。烟田日常管理同常规生产田。

2012—2013 年两季烟草收获后，各小区五点法采集 0 ~ 20 cm 土壤，风干，过 0.15 mm 尼龙筛。土壤中有效态 Cd 浓度测定采用 EDTA 浸提法：称取 2.000 g 土壤样品于 50 mL 离心管中，加入 25 mL 0.02 mol/L EDTA–Na$_2$ 溶液，室温下振荡 2 h，离心机 10 000 r/min 离心 0.5 h，过 0.45 μm 滤膜，滤液利用电感耦合等离子体质谱仪（ICP-MS）测定土壤样品的 Cd 浓度。

烟草收获时，按照烟株叶片分布（2011 年除外），分别采收上部、中部和下部叶片，带回实验室清洗、杀青、烘至恒重、称量后粉碎备用。称取 0.3000 g 样品于聚四氟乙烯消解罐中，加入 6 mL 浓硝酸和 2 mL 双氧水微波消解，消解液经赶酸、过滤、定容至 50 mL 后，利用 ICP-MS 测定植物样品的 Cd 浓度。

2. 玉米秸秆及组合对烟叶 Cd 含量的影响

由图 6-1-15 可知，不添加钝化剂两季烟草土壤有效态 Cd 浓度均最高，分别为 1.073 mg/kg（2012）、0.57 mg/kg（2013）。添加钝化剂不同程度地降低了土壤有效态 Cd 浓度，与对照相比，2012 年降低幅度为 18.6%（CS）~ 47.4%（RMRS），2013 年为 16.0%（CS）~ 27.0%（RMRS），但 2012 年钝化剂平均钝化效果是 2013 年的 1.6 倍。钝化剂钝化效果稳定，处理间年变化不大，

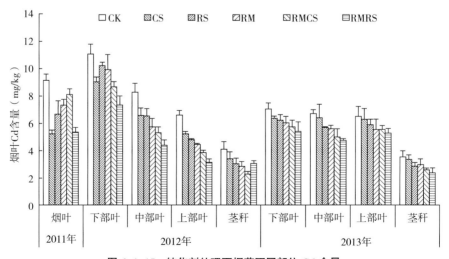

图 6-1-15　钝化剂处理下烟草不同部位 Cd 含量

排序为：RMRS > RMCS > RS，RM > CS，其中有机无机钝化剂组合较单施钝化剂效果更为显著，单施油菜秸秆（RS）钝化效果好于单施玉米秸秆（CS），RMRS 钝化组合最大程度地降低土壤 Cd 的烟草生物有效性。这是因为赤泥中铁铝氧化物对重金属产生化学专性吸附并可将其固定到氧化物晶格层间，促进 Cd 由水溶态和交换态向铁锰氧化态转化，降低镉生物有效性；秸秆等有机物料富含有机功能集团尤其是巯基，可与 Cd 形成稳定化合物，促进土壤交换态 Cd 向有机结合态和残渣态转变。有机无机复合钝化剂增加了镉的吸附固定位点，更有利于降低土壤 Cd 有效态浓度。

3. 玉米秸秆及组合对土壤有效 Cd 浓度的影响

土壤有效态 Cd 浓度直接影响植物 Cd 吸收积累，图 6-1-16 结果显示，添加钝化剂显著降低了每一季烟草 Cd 含量，2012 年、2013 年两季烟草不同部位 Cd 含量分布规律表现为：下部叶 > 中部叶，上部叶 > 茎秆；茎秆 Cd 含量年度变化较小，上中下三部位叶 Cd 含量随钝化时间延长差异逐渐缩小，比例由 2.00∶1.81∶1（2012）下降到 1.05∶0.97∶1（2013）。施用钝化剂后，2011—2013 三年叶片 Cd 平均含量分别降低了 28.3%、28.1%、15.2%，其中下部叶 Cd 含量年降低幅度最大，达 52.7%。钝化剂对三季烟草各个部位 Cd 含量降低效果排序为：RMRS，RMCS > RS，RM > CS；该顺序与钝化剂降低土壤有效态 Cd 浓度排序基本一致。图 6-1-17 结果表明，2012—2013 两季烟草土壤有效态 Cd 浓度与茎秆和叶片镉含量均呈极显著（$P < 0.01$）正相关关系。钝化剂施用通过降低土壤有效态 Cd 浓度，进而降低了烟草地上部各部位 Cd 吸收积累，且土壤有效态 Cd 浓度越低，烟草叶位间 Cd 含量差异越小。三季烟草试验钝化效果基本一致，表明钝化剂钝化效果稳定，时效性强。

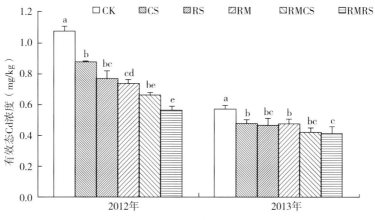

图 6-1-16　钝化剂处理下土壤有效态 Cd 浓度年变化

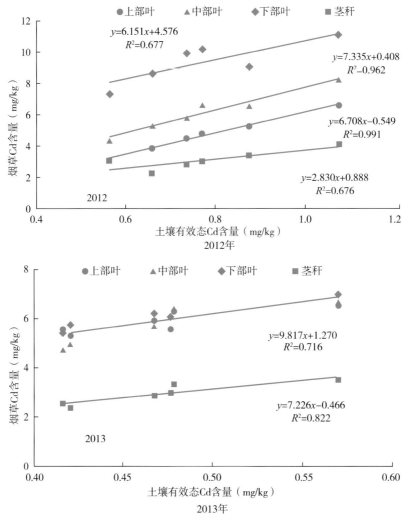

图 6-1-17　土壤有效态 Cd 浓度与烟草各部位 Cd 含量关系

（四）硫（S）

1. 试验方法

采用田间小区试验，试验地点在安徽省亳州市，供试土壤为典型的潮土类型，土壤 pH 值 8.10，有机质含量 15.40 g/kg，碱解氮含量 62.52 mg/kg，有效磷含量 12.81 mg/kg，速效钾含量 259.60 mg/kg，全量 As 含量 18.4 mg/kg，Cd 含量 0.15 mg/kg，Hg 含量 0.064 mg/kg，Pb 含量 25.0 mg/kg。供试烟草品种为中烟 100。试验共设 4 个处理：CK（对照），S1（硫黄 0.1 kg/m²），S2（硫黄 0.2 kg/m²），S3（硫黄 0.3 kg/m²）。小区面积 11 m×2.2 m，株距

为 0.5 m，行距为 1.1 m，每小区栽烟 40 株。硫黄作基肥施用并与土壤混匀；其他常规施肥参照亳州市烤烟生产技术方案要求进行，包括烟草专用肥（K：P$_2$O$_5$：K$_2$O=8：8：21）675 kg/hm^2，磷肥 525 kg/hm^2，饼肥 525 kg/hm^2，硝酸钾 112.5 kg/hm^2。按照亳州市烤烟技术方案要求进行移栽、田间管理。

2. 硫黄对烟叶 Cd 含量的影响

研究表明，施用硫黄改良烟区碱性土壤具有显著效用，能够降低土壤的 pH 值，促进烟株的生长发育，提高烟叶的产量。适当施用硫黄能够减少烟叶对重金属 Cd、Hg，尤其是 Pb 的积累。因此，在烟区碱性土壤的改良施用硫黄 0.2 kg/m^2 具有良好的效果。

图 6-1-18 表明，在烟叶采烤期，与对照 CK 相比处理 S1（硫黄 0.1 kg/m^2）、S2（硫黄 0.2 kg/m^2）、S3（硫黄 0.3 kg/m^2）的 pH 值分别降低了 0.30、0.36 和 0.40。因此，碱性土壤施用硫黄能够显著降低土壤的 pH 值。

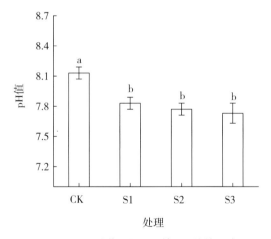

图 6-1-18　硫黄对根区土壤 pH 值的影响

从图 6-1-19 可以看出，与对照相比，施用硫黄的各处理烟叶 As 的含量都略有增加，但是差异未达到显著水平，增加幅度较小；与对照相比，硫黄处理烟叶 Cd 的含量差异较小，未达到显著水平；硫黄处理降低了烟叶 Pb 的含量，其中 S2 和 S3 处理显著低于对照处理；各硫黄处理对烟叶 Hg 含量与对照处理差异不显著。

（五）螯合技术对烟草 Cd 影响机理

油菜属于十字花科，富含有机硫、巯基化合物，可与 Cd 离子产生螯合作用，降低可交换态 Cd 含量达 20%～25%，增加 EDTA 浸提态镉含量。

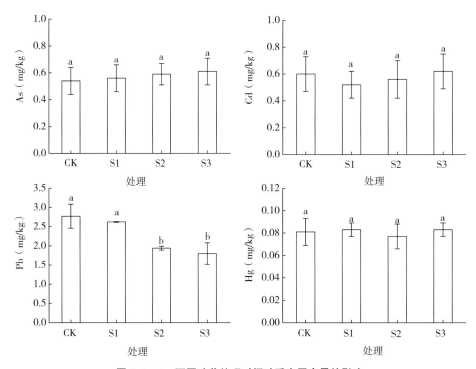

图 6-1-19 不同硫黄处理对烟叶重金属含量的影响

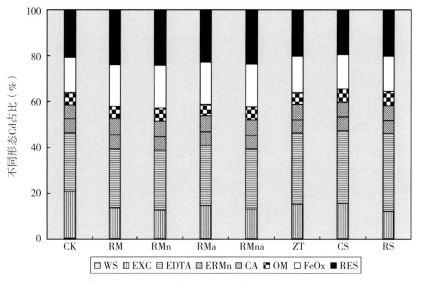

CS：玉米秸秆，ZT：沸石，RMa：酸洗赤泥，RM：赤泥，RMna：纳米酸洗化赤泥，RMn：纳米化赤泥，RS：油菜秸秆，WS：水溶态，EXC：交换态，EDTA 提取，ERMn：还原氧化锰结合态，CA：碳酸钙结合态，OM：有机结合态，FeOx：氧化铁结合态，RES：氧化铁结合态

图 6-1-20 不同消减剂对土壤 Cd 形态的影响

第二节
烟叶重金属迁移阻抗技术

在系统研究土壤－作物体系不同微量元素间竞争和拮抗关系的基础上，可研发作物重金属吸收阻抗技术。依据土壤性质及作物类型，选择不同微量元素，即可通过元素拮抗作用降低作物重金属吸收，还能补充作物微量营养元素。可以基施，也可以根据叶面营养原理进行叶面喷施。同样，叶面还可以喷施适量脱落酸、黄腐酸、棕腐酸等蒸腾抑制剂以对重金属吸收进行生理抑制。

一、元素拮抗技术（锌、磷、硒、钼）

（一）单独加 Zn 的拮抗作用

1. 试验方法

采用水培试验，试验地点为中国农业科学院烟草研究所青岛本部。采用 Hoagland's 营养液，人工气候室培养，温度 26/20℃（昼 / 夜），相对湿度 70%/85%（昼 / 夜），人工光源，光周期为 14 h/10 h（昼 / 夜）。供试烟草品种为 K326，光照培养箱砂培育苗，以生长 60 d 大小一致的健康幼苗进行试验。Cd 以乙酸镉 [（CH$_3$COO）$_2$Cd] 形式添加到营养液，设 3 个水平，分别为 0、50、500 μmol/L，Zn 以 ZnSO$_4$ 形式加入，设 4 个水平，分别为 0、10、100、500 μmol/L，共 12 个处理。每个处理设置重复 4 次，烟草幼苗处理 3 d 后收获。

2. Zn 对烟叶重金属的影响

水培试验结果表明，添加少量的 Zn 对烟草生长有促进作用，添加大量的 Zn 则会对烟草生长造成毒害。Zn 和 Cd 之间存在着竞争作用同时也存在着协同效应。添加低 Zn 浓度时拮抗作用降低了烟叶 Cd 含量，添加高 Zn 浓度时，Zn 则成为毒害物，干扰了烟草正常生理活动，因此，烟苗体内的 Cd 含量反而增加（图 6-2-1）。

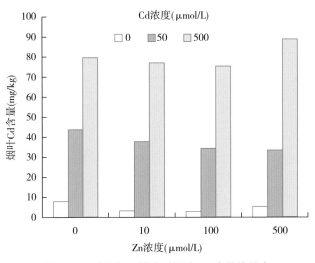

图 6-2-1　不同 Zn 浓度对烟叶 Cd 含量的影响

（二）单独施 Zn 与组合配施的作用

1.试验方法

采用田间小区试验，试验地点为中国农业科学院德州实验站。供试土壤为当地潮土，pH 值 8.9，有机质含量 12 g/kg，土壤 Cd 含量 0.152 mg/kg。供试烟草品种为 NC55。试验设 7 个处理：CK、玉米秸秆（CS）150 kg/ 亩、油菜秸秆（RS）150 kg/ 亩、赤泥（RM）750 kg/ 亩、玉米秸秆（CS）150 kg/ 亩＋赤泥（RM）750 kg/ 亩、油菜秸秆（RS）150 kg/ 亩＋赤泥（RM）750 kg/ 亩。每小区（2 m×2 m）添加 1.5 mg/kg 外源 Cd，以 $CdSO_4 \cdot 8H_2O$ 形式加入，平衡 2 个月后，设置试验处理，每个处理 2 次重复。添加锌肥处理，Zn 浓度为 4.3 mg/kg，以 $ZnSO_4 \cdot 7H_2O$ 形式加入（因试验场地有限玉米秸秆不设锌肥处理）。种植前肥料一次性施入土壤，施纯氮 4 kg/ 亩，并按照 $N:P_2O_5:K_2O=1:1:2$ 的比例施加磷、钾肥。烟田日常管理同常规生产田。

2012—2013 年两季烟草收获后，各小区用五点法采集 0 ～ 20 cm 土壤，风干，过 0.15 mm 尼龙筛。土壤中有效态 Cd 浓度测定采用 EDTA 浸提法：称取 2.000 g 土壤样品于 50 mL 离心管中，加入 25 mL 0.02 mol/L EDTA–Na₂ 溶液，室温下振荡 2 h，离心机 10 000 r/min 离心 0.5 h，过 0.45 μm 滤膜，滤液利用电感耦合等离子体质谱仪（ICP-MS）测定土壤样品的 Cd 浓度。

烟草收获时，按照烟株叶片分布（2011 年除外），分别采收上部、中部和下部叶片，带回实验室清洗、杀青、烘至恒重、称量后粉碎备用。称取 0.3000 g 样品于聚四氟乙烯消解罐中，加入 6 mL 浓硝酸和 2 mL 双氧水微波消解，消解液经赶酸、过滤、定容至 50 mL 后，利用 ICP–MS 测定植物样品的 Cd 浓度。

2. 钝化剂处理对烟草生物量的影响

2013 年烟草生物量数据如表 6-2-1 显示，对照处理烟草各部位叶片干重和整株烟叶产量均最低，添加不同钝化剂后，各部位烟叶干重有不同程度的提高，上、中、下 3 部位叶片干重提高幅度分别为 0 ～ 28.2%、2.4% ～ 23.9%、21.8% ～ 34.2%；钝化剂施用可显著提高下部叶干重，但处理间差异不明显，而中上部叶片干重处理间存在明显差异，根据增幅由高到低顺序排列为：RMRS ＞ RMCS，RS，RM ＞ CS。钝化剂可提高烟草各部位叶片干重，进而提高了单株叶片产量，增产幅度范围为 2.6% ～ 32.3%，其中 RMRS 处理增产效果最明显，单株产量达 178.1 g。钝化剂施用增加烟草生物量可能原因有：一是赤泥或有机物料施入污染土壤可显著提高微生物量和活性；土壤微生物参与有机物分解和营养元素矿化循环，为植物生长提供必需营养元素。二是赤泥中含有植物生长所必需的 K、Ca、Mg、Fe 等营养元素促进植物生长发育；有机物料不仅可以提供矿质养分，还可以改善土壤团粒结构，提高土壤肥力，进而提高植物产量。三是本试验表明钝化剂施用不同程度地降低了烟草各部位 Cd 吸收积累，可能减轻了 Cd 对烟草生理生化过程的危害，尤其是光合磷酸化过程，增加了烟草光合产物积累。

表 6-2-1　不同钝化剂处理下烟草生物量　（g）

处理	上部叶	中部叶	下部叶	整株干重
CK ± Zn	13.47±0.72c	18.27±0.91c	15.89±0.79b	134.6±13.3c
CS ± Zn	13.47±1.35c	18.70±0.69bc	19.36±2.24a	138.1±4.3c
RS ± Zn	14.27±1.61bc	20.45±1.51ab	20.24±2.36a	172.8±6.5ab
RM ± Zn	14.03±0.32c	19.20±1.32bc	19.60±0.27a	163.0±14.2ab
RMCS ± Zn	15.75±0.53ab	20.66±1.89ab	19.69±1.50a	155.5±11.5bc
RMRS ± Zn	17.27±0.80a	22.63±1.06a	21.33±1.56a	178.1±17.1a

3. 施锌肥对各部位叶 Cd 含量的影响及烟叶 Cd、Zn 间的关系

施加锌肥后烟株各部位叶片镉含量结果如图 6-2-2 所示。施锌肥后烟草叶片 Cd 平均含量 2011—2013 三季分别降低了 11.0%、18.5%、6.2%，且烟叶 Cd 含量越高锌肥降低效果越明显，在时间尺度上，锌肥作用效果有降低趋势，这可能与土壤有效态 Zn 浓度降低有关。国内外研究报道锌肥可以降低植物根系 Cd 吸收，还能阻止 Cd 经木质部向地上部运输。Cd–Zn 拮抗机制可能是 Cd、Zn 在根细胞及木质部薄壁细胞中存在共同的吸收转运蛋白 ZIP 和 HMA4。

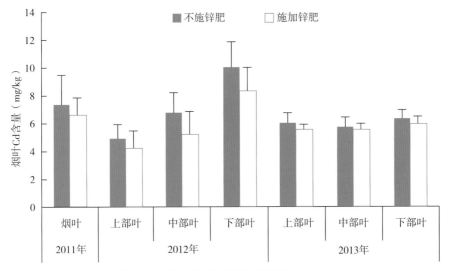

图 6-2-2　锌肥处理下烟草不同叶位 Cd 含量

　　根据 2013 年烟草叶片 Cd、Zn 含量，发现两者关系在叶位间表现不一致：中、上部叶呈显著负相关关系，而下部叶呈显著正相关关系。考虑造成各部位叶片 Cd、Zn 关系不一致可能与烟草生长中后期生长点转移至中、上部叶，下部叶 Zn 转移再分配有关。各钝化处理施加锌肥烟后，烟草叶片镉含量结果表明，施加锌肥可进一步降低各处理的烟草镉含量，除 RM 处理外，各处理施加锌肥均可显著降低烟草叶片镉含量。RM+RS 处理施锌肥下降幅度最大，达到 33.1 %（图 6-2-3）。

　　本试验研究表明，在轻度 Cd 污染土壤上，添加赤泥、油菜秸秆、玉米秸秆及有机无机钝化剂组合，可提高烟草单株产量，显著降低土壤中有效态 Cd 浓度，且钝化效果稳定持久。土壤有效态 Cd 浓度直接影响烟草 Cd 吸收积累，配施锌肥可进一步降低烟草 Cd 含量。油菜秸秆除与玉米秸秆一样具有丰富的纤维素外，其特殊的巯基集团增强了钝化效果；有机无机复合钝化剂 Cd 吸附位点增加，使土壤中 Cd 更多地向植物难吸收利用的铁锰氧化态和有机结合态转化，降低土壤 Cd 有效性。三季田间烟草试验证实赤泥油菜秸秆复合钝化剂配合锌肥是控制中轻度 Cd 污染土壤 Cd 植物有效性，降低烟草 Cd 吸收的最有效措施（图 6-2-4）。

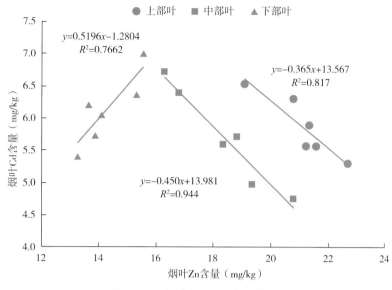

图 6-2-3 烟叶 Cd、Zn 含量间关系

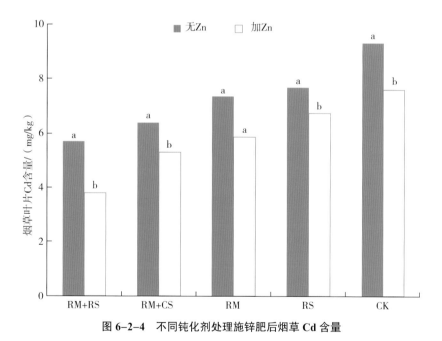

图 6-2-4 不同钝化剂处理施锌肥后烟草 Cd 含量

（三）Zn 与 P 配施的作用

1. 试验方法

采用田间试验，试验地点为贵州省贵阳龙岗基地育苗大棚。供试土壤为

当地黄壤，供试品种为云烟 85。Cd 设 3 个添加水平（0、0.3、0.6 mg/kg），3 个锌（以纯 Zn 计）添加水平（0、10、20 mg/kg），3 个磷（以 P 计）添加水平（0、30、60 mg/kg），共 15 个处理，每处理设置重复 3 次。将不同浓度 Cd 溶液施入盆中，保持 80% 田间持水量，培养老化 2 个月后移栽烟苗。肥料用量是大田用量（6 kg/ 亩）的 2 倍，作为基肥一次性施入，硫酸锌、磷肥同时施入。成熟期取样中部叶，检测烟叶 Cd 含量。

2. Zn、P 配施对烟草重金属 Cd 含量的影响

从表 6-2-2 可以看出，添加 Cd 浓度从 0 mg/kg 增加到 0.6 mg/kg，烟叶 Cd 含量相应由 1.81 mg/kg 增加到 8.84 mg/kg，表明烟叶 Cd 含量受土壤 Cd 浓度影响较大，会随土壤 Cd 浓度的增大而增大。

从表 6-2-2 可以看出，在相同的土壤 Cd 浓度水平下，添加 P 或 Zn，烟叶 Cd 含量均会有不同程度下降。在土壤添加 Cd 0 mg/kg 条件下，添加 P 和 Zn，烟叶 Cd 含量降低 0.04 ～ 0.31 mg/kg；在土壤添加 Cd 0.3 mg/kg 条件下，添加 P 和 Zn，烟叶 Cd 含量降低 0.04 ～ 1.66 mg/kg；在土壤添加 Cd 0.6 mg/kg 条件下，添加 P 和 Zn，烟叶 Cd 含量降低 0.3 ～ 3.21 mg/kg。

表 6-2-2　P、Zn 对烟叶 Cd 含量的影响

处理	Cd（mg/kg）	处理	Cd（mg/kg）	处理	Cd（mg/kg）
Cd0Zn0P0	1.81	Cd0.3Zn0P0	5.53	Cd0.6Zn0P0	8.84
Cd0P30	2.61	Cd0.3P30	5.49	Cd0.6P30	8.54
Cd0P60	1.71	Cd0.3P60	4.82	Cd0.6P60	7.60
Cd0Zn10	1.77	Cd0.3Zn10	4.26	Cd0.6Zn10	7.49
Cd0Zn20	1.68	Cd0.3Zn10	3.87	Cd0.6Zn20	5.63

P、Zn 对烟叶 Cd 含量降低效果，见表 6-2-3。在土壤添加 Cd 0 mg/kg 条件下，添加 P 30 mg/kg，对烟叶 Cd 含量有促进作用（增大 44%），添加 Zn 10 mg/kg 降低作用也不足 5%，只有添加 P、Zn 高浓度对烟叶降低较大。在土壤添加 Cd 0.3 mg/kg 和 0.6 mg/kg 条件下，添加 P、Zn 也有相同趋势，即添加 P、Zn 高浓度的降低效果好于添加低浓度的降低效果。添加 P 和 Zn 降低效果比较，在土壤添加相同 Cd 条件下，添加 Zn 的降低效果要好于添加 P 的降低效果。

表 6-2-3　P、Zn 对烟叶 Cd 含量降低效果

处理	降低效果（%）	处理	降低效果（%）	处理	降低效果（%）
Cd0Zn0P0	—	Cd0.3Zn0P0	—	Cd0.6Zn0P0	—
Cd0P30	44.00	Cd0.3P30	-0.63	Cd0.6P30	-3.36
Cd0P60	-5.93	Cd0.3P60	-12.85	Cd0.6P60	-14.05
Cd0Zn10	-2.34	Cd0.3Zn10	-22.99	Cd0.6Zn10	-15.24
Cd0Zn20	-7.49	Cd0.3Zn10	-29.95	Cd0.6Zn20	-36.34

　　研究结果表明，烟叶 Cd 含量受土壤 Cd 浓度影响较大，会随土壤 Cd 浓度的增大而增大。明确在土壤中添加 P、Zn 能与 Cd 产生拮抗作用，会使烟叶 Cd 含量降低。这种降低作用会随 P、Zn 添加浓度的增加而增大。在土壤添加相同 Cd 条件下，添加 Zn 的降低效果要好于添加 P 的降低效果。

（四）微肥的基施与叶面喷施

1. 试验方法

　　采用田间试验，试验地点在贵州贵阳市朱昌镇试验基地。供试土壤为当地黄壤，供试品种为云 85。试验采用随机区组设计，5 个处理，3 次重复，共 15 个小区，各处理及施肥方案见表 6-2-4、表 6-2-5。小区面积 21 m²（5 m×4.2 m），行距 1 m，株距 0.6 m，移栽密度 1 100 株/亩。试验四周设 1 m 宽走道，重复之间设 0.5 m 走道。亩施纯氮 6 kg，其中基肥亩施纯氮 2 kg，起垄前条施，追肥亩施纯氮 2 kg，分别在移栽后 15 d 和 25 d 在烟株旁边打洞穴施，每次亩追施纯氮 1 kg。栽后 10 d 开始喷施，每隔 6 d 喷施 1 次，喷 3 次。喷施程度以叶正反面均匀布满雾状水滴为度。

表 6-2-4　2012 年田间试验设计

处理	微肥种类	喷施浓度（mg/L）
1	对照	/
2	KH_2PO_4	877.4
3	$ZnSO_4$	300
4	Na_2SeO_3	5
5	Na_2MoO_4	600

表 6-2-5　2013 年田间试验设计

处理	微肥种类	基施用量（kg/亩）	喷施浓度（mg/L）
1	对照	/	/
2	$ZnSO_4$	2	/
3	$ZnSO_4$	2	300
4	Na_2MoO_4	4	/
5	Na_2MoO_4	4	600

盆栽试验，试验地点为贵州省福泉基地。供试土壤为黄壤，供试烟草品种为云烟 85。试验设 9 个处理，4 次重复，各处理及施肥方案见表 6-2-6。盆栽行距 1 m，株距 0.6 m。亩施纯氮按 6 kg 计，盆栽试验是田间施肥量的 2 倍，基肥与微肥作基肥移栽前一次性施入。栽后 10 d 开始喷施，每隔 6 d 喷施一次，喷 3 次。喷施程度以叶正反面均匀布满雾状水滴为度。

表 6-2-6　2012 年盆栽试验设计

处理	微肥种类	施用浓度（g/30 kg 土）	喷施浓度（mg/L）
1	H_2O	/	/
2	KH_2PO_4	26.322	/
3	$ZnSO_4$	16.0434	/
4	Na_2SeO_3	0.15	/
5	Na_2MoO_4	21.1464	/
6	KH_2PO_4	/	887.4
7	$ZnSO_4$	/	300
8	Na_2SeO_3	/	5
9	Na_2MoO_4	/	600

2. 微肥对烟叶重金属的影响

盆栽试验条件下，施用 $ZnSO_4$、KH_2PO_4、Na_2SeO_3 和 Na_2MoO_4 对烟叶 Cd 含量均有一定降低效果，并且降低幅度均较大，降幅均大于 20%，其中以 $ZnSO_4$ 降幅最大，达到 41.53%，其次是 Na_2SeO_3，降幅为 30.06%，降幅最低的是 Na_2MoO_4，降低了 25.38%（图 6-2-5）。

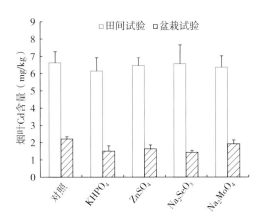

图 6-2-5　施用微肥对烟叶 Cd 含量的影响

田间试验中，除叶面喷施 $ZnSO_4$ 烟叶 Cd 含量未降低外，喷施 KH_2PO_4、Na_2SeO_3 和 Na_2MoO_4 烟叶 Cd 含量均有一定程度的降低，其中以 KH_2PO_4 效果最好，降幅达到 7.11%，其次是喷施 Na_2SeO_3。

盆栽试验中，盆栽环境条件下，叶面喷施 4 种微肥对烟叶 Cd 含量均有较大幅度的降低效果，降低幅度最大的叶面肥分别是 KH_2PO_4 和 Na_2SeO_3，降幅增在 30% 以上，降幅最小的 Na_2MoO_4。

同样的试验处理及喷施方法，出现 2 种不同处理结果，这可能与试验环境条件有关，但可以明确的是喷施 KH_2PO_4、Na_2SeO_3 和 Na_2MoO_4 对降低烟叶 Cd 含量均有一定降低作用。

3. 微肥不同施用方式对烟叶 Cd 的影响

在同等试验条件下，微肥的不同施用方式对烟叶 Cd 含量均有降低作用，而相同微肥的不同施用方式存在着差异。主要表现在，KH_2PO_4 和 Na_2SeO_3 对烟叶 Cd 降低作用以喷施的效果好于基施，而 $ZnSO_4$ 和 Na_2MoO_4 对烟叶 Cd 降低作用以基施的降低效果好于喷施。

在田间试验条件下，不同微肥施用结果为：施用 $ZnSO_4$ 对烟叶 Cd 含量的降低作用比施用 Na_2MoO_4 降低作用大（与 2012 年盆栽试验一致），相同微肥不同施用方式为：单施 $ZnSO_4$ 对烟叶烟叶 Cd 含量降低作用不如基施 $ZnSO_4$ 加上喷施 $ZnSO_4$ 的降低作用，而单施 Na_2MoO_4 对烟叶 Cd 含量降低作用比基施 Na_2MoO_4 加上喷施 Na_2MoO_4 的降低作用要好（图 6-2-6）。

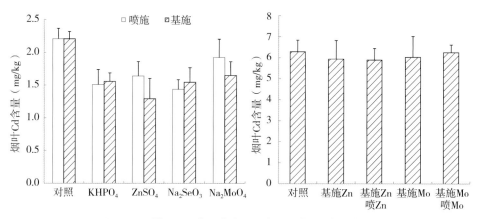

图 6-2-6　微肥不同施用方式和组合对烟叶 Cd 含量的影响

施用 $ZnSO_4$、KH_2PO_4、Na_2SeO_3 和 Na_2MoO_4 4 种微肥对烟叶 Cd 含量均有一定降低作用，但有一定的差异，这种差异又因不同的试验条件各有不同。盆栽试验条件对烟叶 Cd 含量降低作用大于田间试验条件，这可能与微肥在烟叶叶面上的附着时间有关，盆栽条件微肥附着时间长于田间条件（盆栽无降雨冲洗，而大田有降雨和露水冲洗）。微肥的不同施用方式因微肥的种类不同而有不同降低效果，如 KH_2PO_4 和 Na_2SeO_3 以喷施的效果较好，而 $ZnSO_4$ 和 Na_2MoO_4 以基施的效果较好。同样，微肥种类不同，组合施用也会产生不一样的结果，如 $ZnSO_4$ 既基施又喷施的组合方式对烟叶 Cd 含量降低作用好于单施 $ZnSO_4$，Na_2MoO_4 则未有相同趋势。因此，在田间选择微肥调控烟叶 Cd 含量时，如遇降雨次数增多，应增加微肥的喷施次数，也应有选择性地进行微肥施用组合方式，方能更好地发挥微肥对烟叶 Cd 的降低作用。

二、生理抑制技术

蒸腾抑制剂可以降低植物蒸腾作用，提高水分利用效率，近来被广泛应用于农业和林业领域，有报道指出重金属可在蒸腾拉力作用下以集流形式，经木质部导管转运至地上部。烟草叶面积大，蒸腾作用强，因此，施用蒸腾抑制剂可能是降低地上部 Cd 吸收积累新途径。

（一）蒸腾抑制剂

1.试验方法

采用盆栽试验，试验地点为中国农业科学院作物科学研究所温室。供试土壤取自昌平潮褐土野外观测站，pH 值 7.6，有机质含量 10.0 g/kg，碱解氮含量 87.5 mg/kg，速效磷含量 14.6 mg/kg，速效钾含量 65.0 mg/kg，Cd 含量 0.069 mg/

kg。供试烟草品种为NC55，由中国农业科学院烟草研究所提供。本试验所采用的蒸腾抑制剂及浓度分别为：12 mg/L 脱落酸（ABA）、1 g/L 黄腐酸钾（F-K）和1 g/L F-K+0.03% ZnSO₄自制黄腐酸锌（F-Zn）。

试验采用随机区组设计，4个试验处理：CK（清水）、ABA（12 mg/L 脱落酸）、F-K（1 g/L 黄腐酸钾）、F-Zn（1 g/L 黄腐酸钾 +0.03% 硫酸锌），每个处理4次重复。每盆装土2 kg，外源添加镉浓度1 mg/kg（以 Cd（NO₃）₂·4H₂O 形式加入），在70%的田间持水量下平衡1个月，肥料一次性施入土壤，施纯氮0.4 g/盆，并按照 N∶P₂O₅∶K₂O=1∶1∶2 的比例施加磷、钾肥。每盆移栽幼苗1株，缓苗1周后，在16:00之后进行蒸腾抑制剂叶面喷施处理，每次每株喷施10 mL，每4 d 喷施1次，连续喷施5次。

在第5次喷施后，利用 ADC Bioscientific 光合仪测定烟草光合作用、蒸腾作用，利用 SPAD-501 叶绿素测定仪测定叶绿素相对含量。烟草收获时，利用 ICP-MS 测定 Cd、Zn 浓度。利用火焰光度仪测定叶片 K 含量。

2. 蒸腾抑制剂对烟草生长及生理的影响

结果表明，喷施蒸腾抑制剂后烟草生物量较对照有不同程度下降，其中根干重、地上部干重、根长分别降低了18.1%～38.1%，7.4%～41.3%，2.3%～24.4%；其中黄腐酸钾、黄腐酸锌处理间烟草生物量无显著差异，但均好于脱落酸处理（表6-2-7）。

表 6-2-7 蒸腾抑制剂处理烟草生物量

处理	根干重（g）	地上部干重（g）	根长（cm）
CK	0.105±0.01 a	0.605±0.06 a	8.6±0.7 a
F-K	0.086±0.01 ab	0.560±0.07 ab	8.4±1.3 a
F-Zn	0.074±0.02 b	0.465±0.03 b	8.2±0.7 ab
ABA	0.065±0.03 b	0.355±0.08 c	6.5±1.5 b

蒸腾抑制剂对烟草生理指标的影响如表6-2-8所示，叶面喷施代谢型蒸腾抑制剂后不同程度地抑制了烟草叶片叶绿素合成及叶片光合作用，但F-K、F-Zn 与喷施清水处理差异不显著，而脱落酸处理显著降低了两指标，分别为14.4%、23.2%。代谢型蒸腾抑制剂可不同程度地抑制烟草光合产物合成，进而降低了烟草生物量。蒸腾抑制剂通过调节气孔特性，显著地降低了叶片蒸腾速率，进而引起整株蒸腾速率下降，两指标分别降低了21.7%～31.3%、31.1%～43.6%，其中 ABA 降低效果最强，F-K 与 F-Zn 差异不大。

表 6-2-8　蒸腾抑制剂对烟草生理指标的影响

处理	光合速率 [μmolCO₂/（m²·s）]	叶绿素 相对含量	叶片蒸腾速率 [mmolH₂O/（m²·s）]	植株蒸腾速率 [gH₂O/（kg·h）]
CK	6.81±0.86 a	34.0±2.1 a	0.83±0.06 a	119.08±12.8 a
F-K	6.27±0.87 ab	32.5±2.4 ab	0.65±0.07 b	82.08±8.2 b
F-Zn	6.09±0.92 ab	31.1±2.2 b	0.65±0.07 b	80.70±6.2 b
ABA	5.23±0.52 b	29.1±2.1 c	0.57±0.08 b	67.19±9.0 b

3. 蒸腾抑制剂对烟草 Cd 的影响

由表 6-2-9 可知，喷施蒸腾抑制剂后，不同程度地增加根部 Cd 含量，ABA 增加效果达到显著水平，是对照的 1.3 倍；显著降低了地上部 Cd 含量，F-K、F-Zn、ABA 处理分别降低了 16.2%、20.2%、32.7%，降低 Cd 含量效果排序为：ABA ≥ F-Zn > F-K；因此，蒸腾抑制剂处理的烟草转移系数显著降低，降幅为 19.3% ~ 48.4%。图 6-2-7 表明烟草蒸腾速率与地上部 Cd 含量呈极显著的正相关关系，与根部 Cd 积累量呈极显著的负相关关系。说明蒸腾作用是重金属 Cd 地上部转移的推动力，而蒸腾抑制剂通过降低烟草蒸腾作用，降低了根系吸收的 Cd 向地上部转移，增加了根部 Cd 积累。

表 6-2-9　叶面喷施蒸腾抑制剂后烟草 Cd 含量

处理	根 Cd 含量（mg/kg）	地上部 Cd 含量（mg/kg）	转移系数
CK	1.407±0.001 b	2.697±0.125 a	1.92±0.09 a
F-K	1.460±0.057 b	2.261±0.239 b	1.55±0.14 b
F-Zn	1.563±0.081 b	2.151±0.310 bc	1.37±0.14 b
ABA	1.825±0.079 a	1.815±0.219 c	0.99±0.12 c

4. 蒸腾抑制剂对烟草 K 和 Zn 的影响

植物必需的矿质养分也是通过蒸腾作用转运到地上部，叶面喷施蒸腾抑制剂虽然降低了地上部 Cd 含量，但也会影响营养元素如 K、Zn 含量。结果显示，喷施 ABA，地上部 K、Zn 含量较对照下降显著，分别降低了 13.0%、23.8%；而 F-K、F-Zn 在降低烟草蒸腾速率的同时，可以作为叶面肥补充地上部 K、Zn 矿质营养。地上部 K 含量喷施 F-K、F-Zn 后分别提高了 13.8%、15.1%；地上部 Zn 含量 F-K 处理降低了 19.7%，而 F-Zn 处理较对照提高了 7.5 倍（表 6-2-10）。

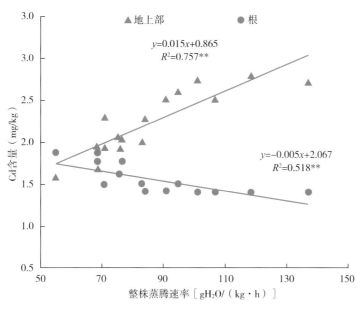

图 6-2-7　蒸腾速率与烟草 Cd 含量间的关系

表 6-2-10　不同蒸腾抑制剂处理烟草 K、Zn 含量

处理	K（g/kg）	Zn（mg/kg）
CK	10.87±0.93 bc	37.81±6.31 b
F-K	12.37±1.47 ab	30.37±2.74 b
F-Zn	12.51±0.81 a	319.83±49.5 a
ABA	9.46±0.73 c	28.81±4.40 b

　　3 种代谢型蒸腾抑制剂通过降低烟草蒸腾速率降低了根部吸收的镉向地上部转运，增加根部镉积累；尽管脱落酸减低烟草地上部 Cd 含量的效果最佳，但不利于地上部矿质元素吸收积累；而黄腐酸钾和黄腐酸锌在降低烟草蒸腾速率控制 Cd 地上部转移的同时，也可作为叶面肥补充地上部 K、Zn 含量。此外代谢型蒸腾抑制剂尤其是脱落酸显著降低了烟草光合生理指标，进而影响了烟草干物质积累。综合考虑黄腐酸类蒸腾抑制剂尤其是黄腐酸锌能很好地降低烟草中 Cd 向地上部转移，并提高钾、锌养分元素积累，是烟草控Cd 保质的一项新措施。

（二）钝化剂 - 蒸腾抑制剂联合

1. 试验方法

采用田间试验，试验地点为中国农业科学院德州试验站。供试土壤为当地潮土，pH 值 8.9，有机质含量 12 g/kg，土壤 Cd 含量 0.152 mg/kg。供试烟草品种为 NC55。本试验所采用的蒸腾抑制剂及浓度分别为：12 mg/L 脱落酸（ABA）、1 g/L 黄腐酸钾（F-K）和 1 g/LF-K+0.03%ZnSO$_4$ 自制黄腐酸锌（F-Zn）。蒸腾抑制剂试验在长期原位钝化试验基础上进行，钝化剂处理试验设计方案。考虑锌肥可能干扰蒸腾抑制剂作用效果，仅对单施钝化剂处理小区（3 次重复）喷施蒸腾抑制剂。在烟草旺长期，每小区选取长势一致烟草两株，在中、上部叶刚展开时（烟草前期德州连续降雨，下部叶未喷施蒸腾抑制剂），于晴朗无风的 16:00 后，均匀喷施蒸腾抑制剂于半片叶上下表面，喷施清水作对照，并挂标签做好标记；每隔 7 d 喷施一次，连续进行 3 次，结束后，按叶位剪取半片叶带回实验室，杀青、烘干、粉碎备用。烟田其他日常管理同常规生产田。ICP-MS 测定烟叶镉、锌含量；利用火焰光度计测定烟叶钾含量。

烟草次级转运系数 = 烟叶 Cd 含量 / 茎秆 Cd 含量

2. 蒸腾抑制对烟草 Cd 含量的影响

由图 6-2-8 可知，3 种蒸腾抑制剂 F-K、F-Zn、ABA 喷施后显著降低烟叶 Cd 含量，上部叶分别降低 4.2%、9.1%、10.4%，中部叶分别降低 9.6%、11.8%、14.1%；蒸腾抑制剂降低 Cd 含量效果中部叶高于上部叶，排序为：ABA ≥ F-Zn > F-K。

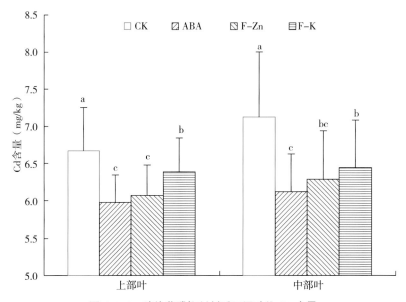

图 6-2-8 喷施蒸腾抑制剂后不同叶位 Cd 含量

3. 蒸腾抑制对烟草 Cd 转运的影响

烟草次级转运系数各处理均大于 1，说明烟草是 Cd 的富集植物。喷施蒸腾抑制剂后不同程度地降低了烟草转运系数，如图 6-2-9 所示，ABA 降低效果最好，上部、中部叶分别降低 14.5%、23.1%。叶位间转运系数，其他各处理除 ABA 中部叶外均大于上部叶。

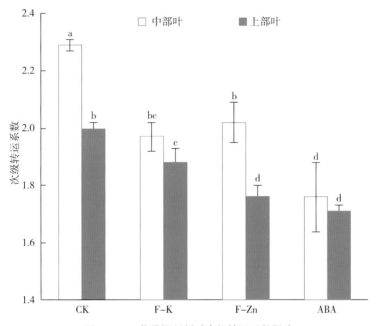

图 6-2-9 蒸腾抑制剂对次级转运系数影响

4. 钝化剂 – 蒸腾抑制对烟草 Cd 的影响

重金属经木质部向地上部转运是植物富集重金属的重要生理机制，蒸腾作用是重金属向地上部转运主要推动力。前期烟草盆栽试验证实叶面喷施蒸腾抑制剂是降低地上部 Cd 吸收积累新途径，但蒸腾抑制剂及蒸腾抑制剂与钝化剂联合在大田尺度上降低烟草植物 Cd 含量效果缺乏研究。本试验在烟草田间原位钝化试验基础上，通过叶面喷施 3 种蒸腾抑制剂，评价其降低烟叶 Cd 含量的效果，并从吸收 – 转运两个途径分析蒸腾抑制剂和钝化剂联合作用的效果，为中轻度 Cd 污染植烟土壤，低 Cd 含量烟叶生产，提供可行的技术指导。

由表 6-2-11 可知，钝化剂和蒸腾抑制剂均极显著地影响烟叶 Cd 含量，两者间交互作用极弱，对烟叶 Cd 含量影响不大，钝化剂、蒸腾抑制剂作用效果中部叶优于上部叶。蒸腾抑制剂与钝化剂在控制中部叶 Cd 含量效果相当，上部叶蒸腾抑制剂作用效果好于钝化剂，说明在烟草生长后期，喷施蒸腾抑制剂可以更有效地控制烟叶 Cd 吸收积累。推测是由于烟草生长后期根系活力下降，烟草叶片 Cd 吸收积累主要来源为根部储存的镉在蒸腾作用推动下经木质部转移所致。

表 6-2-11 试验方差来源分析

叶位	方差来源	自由度	均方差	F 值	P 值
上部叶	钝化剂	5	1.431	9.94	< 0.01 **
	蒸腾抑制剂	3	1.818	12.63	< 0.01 **
	钝化剂 × 蒸腾抑制剂	15	0.063	0.44	0.96
	试验误差	48	0.144		
中部叶	钝化剂	5	3.569	18.69	< 0.01 **
	蒸腾抑制剂	3	3.508	18.37	< 0.01 **
	钝化剂 × 蒸腾抑制剂	15	0.302	1.58	0.12
	试验误差	48	0.191		

结果表明，轻度 Cd 污染土壤上，无控制措施烟草叶片 Cd 含量最高，中、上部叶 Cd 含量分别为 8.488 mg/kg 和 7.386 mg/kg；钝化剂不同程度地降低了烟叶中 Cd 吸收积累，降低幅度为中部叶 8.9% ～ 26.5%，上部叶 5.4% ～ 17.4%，中部叶降低效果好于上部叶；钝化剂控制效果排序为：RMRS，RMCS > RM，RS > CS。蒸腾抑制剂作用效果在钝化剂间变化规律基本一致，说明蒸腾抑制剂与钝化剂在控制烟叶 Cd 含量上交互作用极弱；但蒸腾抑制剂与钝化剂联合措施较单一措施，可以从吸收、转运两个途径更好地降低烟叶 Cd 含量，其中 RMRS 配合 ABA 或 F-Zn 最大程度地降低了烟叶 Cd 含量，上部叶降低 25.1%、中部叶降低 32.4%（图 6-2-10）。

5. 蒸腾抑制对烟草 K 和 Zn 的影响

钾是烟草品质元素，我国规定优质烟叶 K 含量不低于 20 g/kg；烟叶钾能降低烟叶焦油量，增加烟草香气，改善烟叶燃烧性。3 种蒸腾抑制剂喷施后，烟叶 K 含量差异明显，如图 6-2-11 所示。与对照相比，喷施 F-K 和 F-Zn，烟草中、上部叶 K 含量分别提高了 23.5%、19.4%，且都达到优质烟草 K 含量标准；相反，ABA 显著降低了叶片 K 含量，中部叶降低 10.0%、上部叶降低 18.1%。锌是烟草体内多种酶激活剂，施锌可以提高中上等烟叶比例，结果表明，喷施 ABA 后，还降低了中、上部烟叶 Zn 含量，分别为 2.6%、12.5%；

而喷施 F-Zn 后，中、上部叶 Zn 含量分别较对照分别提高了 1.8. 倍、1.1 倍。这是因为 ABA 是活性较强的代谢型抑制剂，施用后气孔完全关闭且恢复能力较慢，尽管最大程度地降低了烟草叶片 Cd 含量，但限制了 K、Zn 吸收积累。而 F-K 和 F-Zn 生理代谢抑制作用较弱，在降低烟叶 Cd 含量同时，可作为叶面肥补充 K、Zn 矿质营养，两者比较，F-Zn 因存在 Zn-Cd 间拮抗可能是降低烟草叶片 Cd 吸收又一机制（图 6-2-12）。

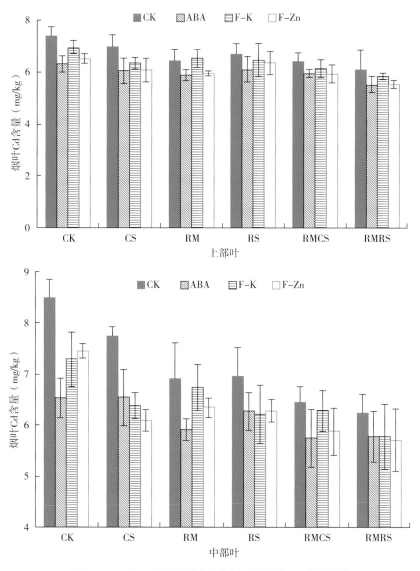

图 6-2-10　蒸腾抑制剂联合钝化剂降低烟叶 Cd 含量效果

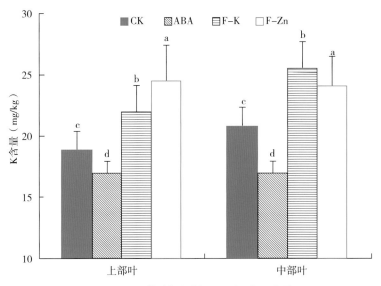

图 6-2-11　蒸腾抑制剂处理下烟叶 K 含量

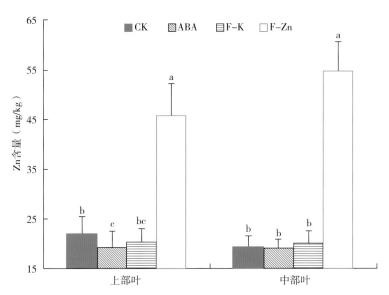

图 6-2-12　蒸腾抑制剂处理下烟叶 Zn 含量

　　总之，本试验研究结果表明，田间喷施蒸腾抑制剂也可有效地降低烟叶蒸腾速率，减少 Cd 向地上部转运，降低效果达 10% ～ 15%，是降低烟叶 Cd 含量一个新技术措施。蒸腾抑制剂与钝化剂联合措施从烟草 Cd 吸收、转运两途径，全面降低烟叶 Cd 吸收积累，且在烟草生长后期，蒸腾抑制剂作用效果优于钝化剂。综合考虑烟叶 Cd 消减效果和营养元素含量，黄腐酸类蒸腾抑制剂效果好于脱落酸，尤其是黄腐酸锌作用效果最佳。但蒸腾抑制剂降低烟叶 Cd 含量的生理机制有待进一步研究。综上，赤泥油菜秸秆复合钝化剂（RMRS）配合叶面喷施黄腐酸锌（F–Zn）是中轻度 Cd 污染土壤上低镉含量兼顾品质烟叶生产的最佳技术措施。

第三节
烟叶重金属复合消减技术

土壤有效态重金属仅有部分可被烟草吸收而进入植株体内，并在根、茎、叶等器官中进行分配，其中，烟叶中重金属是卷烟烟丝重金属含量的最主要影响因素，也是卷烟中重金属的主要来源。卷烟燃烧后其中的大部分重金属进入灰分中，其余进入烟气中。其中，侧流烟气中的重金属大部分扩散于大气沉降于环境中，少量进入被动吸烟者体内；主流烟气进入吸烟者体内后，重金属仅有部分存留于抽吸者肺等呼吸器官中。土壤—烟株—烟叶—烟丝—烟气—人体整个体系中各环节间均存在重金属的迁移，而且重金属的量在逐级递减。因此，各个中间转移阶段，依次为吸收、运输、分配、加工、过滤和人体吸收，就是控制重金属的关键所在，也是烟草重金属相关研究的关键所在。采用不同技术组合以应对各种不同的产地环境，可以更好地发挥技术的作用。

一、复合技术

（一）棕壤中赤泥、油菜秸秆、磷和锌的组合效果

1. 试验方法

采用田间小区试验，试验地点在山东省诸城市。供试土壤为棕壤，供试烟草品种为中烟100。试验赤泥用量3个水平，分别为100、200、300 kg/亩，油菜秸秆用量两个水平，100、200 kg/亩，赤泥与油菜秸秆进行组合，加对照共7个处理。除对照外，每个处理施用硫酸锌（$ZnSO_4$，不包括结晶水）（Zn）用量为2kg/亩；磷酸二铵（P）用量为10 kg/亩（正常肥料用量照常进行）。小区规格4.8 m×6 m，纵向隔1 m，植烟行距1.2 m，株距0.5 m。按照优质烤烟生产规范进行管理。

2. 组合方法对棕壤重金属的影响

山东棕壤重金属背景值较低，供试土壤中As、Cd、Cr、Hg、Pb含量分别为15、0.2、90、0.15、35 mg/kg，达到土壤环境质量一级标准

（GB 15618—2018）。添加钝化剂后，土壤重金属没有显著变化，说明钝化剂中没有向土壤施入过多的重金属（表 6-3-1）。

表 6-3-1　钝化剂组合对棕壤重金属的影响　　　　　　　　（mg/kg）

	处理	As	Cd	Cr	Hg	Pb
T1	对照 CK	3.90	0.09	37.43	0.15	24.18
T2	赤泥 100+ 油菜秸秆 100kg/ 亩 +P+Zn	3.31	0.09	34.71	0.16	22.31
T3	赤泥 200+ 油菜秸秆 100kg/ 亩 +P+Zn	3.34	0.08	36.87	0.15	22.44
T4	赤泥 300+ 油菜秸秆 100kg/ 亩 +P+Zn	3.41	0.08	36.31	0.14	21.04
T5	赤泥 100+ 油菜秸秆 200kg/ 亩 +P+Zn	3.19	0.08	33.82	0.15	21.64
T6	赤泥 200+ 油菜秸秆 200kg/ 亩 +P+Zn	3.16	0.07	34.90	0.14	21.42
T7	赤泥 300+ 油菜秸秆 200kg/ 亩 +P+Zn	3.07	0.08	35.65	0.15	21.53

3. 组合方法对棕壤烟叶重金属的影响

各处理对烟叶 Cd 含量的影响有显著差异，其中 T6 和 T7 对 3 个部位叶片中 Cd 都有相对明显的降低效果，特别是 T6 处理，最高达到 21.2%。由于土壤和烟叶重金属含量较低，所以钝化剂发挥的效果受到影响（图 6-3-1）。

钝化剂组合对烟叶其他重金属 As、Cr、Hg 和 Pb 的消减效果不显著（表 6-3-2 至表 6-3-5）。

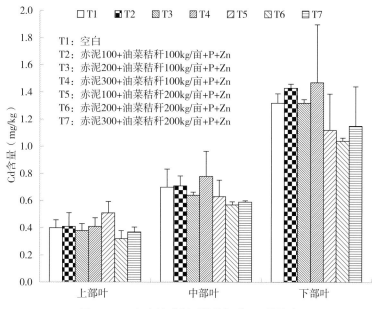

图 6-3-1　组合消减剂对棕壤烟叶 Cd 的影响

表 6-3-2　钝化剂组合对棕壤烟叶 As 的影响　（mg/kg）

处理	上部叶	中部叶	下部叶
T1	0.12	0.14	0.27
T2	0.12	0.14	0.31
T3	0.14	0.18	0.33
T4	0.13	0.18	0.32
T5	0.14	0.14	0.27
T6	0.09	0.14	0.33
T7	0.13	0.14	0.26

表 6-3-3　钝化剂组合对棕壤烟叶 Cr 的影响　（mg/kg）

处理	上部叶	中部叶	下部叶
T1	0.96	0.77	2.02
T2	1.15	0.92	2.14
T3	1.05	1.02	3.20
T4	0.68	0.86	2.18
T5	0.96	1.30	1.55
T6	0.89	0.93	1.96
T7	1.20	1.24	2.16

表 6-3-4　钝化剂组合对棕壤烟叶 Hg 的影响　（mg/kg）

处理	上部叶	中部叶	下部叶
T1	0.014	0.018	0.032
T2	0.009	0.018	0.033
T3	0.010	0.015	0.027
T4	0.009	0.018	0.027
T5	0.014	0.015	0.028
T6	0.008	0.013	0.026
T7	0.013	0.018	0.025

表 6-3-5　钝化剂组合对棕壤烟叶 Pb 的影响　　　　　　　（mg/kg）

处理	上部叶	中部叶	下部叶
T1	0.20	0.38	1.06
T2	0.27	0.59	1.18
T3	0.23	0.34	0.97
T4	0.17	0.45	1.01
T5	0.39	0.34	0.98
T6	0.22	0.32	0.91
T7	0.21	0.41	0.86

4. 组合方法对棕壤烟叶化学品质的影响

经过钝化剂组合处理后，各处理还原糖、总糖和钾比对照基本上增加，总植物碱、总氮、氯基本上降低。各处理对中部叶和下部叶影响明显，对上部叶影响不明显。因此，钝化处理有一定提高糖碱比和钾氯比的效果，有一定提高烟草化学品质的作用（表 6-3-6）。

表 6-3-6　钝化剂组合对棕壤烟叶化学成分的影响　　　　　　　（%）

	处理	还原糖	总糖	总植物碱	总氮	KK_2O	Cl
上部	T1	15.8	16.5	3.09	3.08	2.06	0.44
上部	T2	17.4	18.5	3.14	3.02	2.08	0.44
上部	T3	21.6	22.9	2.54	2.62	2.09	0.97
上部	T4	15.8	17.1	2.88	2.96	2.33	0.54
上部	T5	21.4	24.1	3.18	2.61	1.69	0.65
上部	T6	17.4	19.1	3.02	3.10	2.25	0.51
上部	T7	20.6	22.4	3.17	2.76	1.64	0.97
中部	T1	21.9	23.5	2.65	2.44	2.16	0.95
中部	T2	20.6	21.4	2.85	2.80	2.12	0.80
中部	T3	21.1	21.8	2.45	2.73	2.26	0.75
中部	T4	15.3	16.0	2.38	2.80	2.88	0.71
中部	T5	21.4	22.2	2.89	2.54	2.17	0.82
中部	T6	17.4	18.3	2.44	2.82	2.60	0.60
中部	T7	19.0	20.4	2.87	2.64	2.17	0.74
下部	T1	23.8	24.1	1.51	2.10	3.00	1.13

	处理	还原糖	总糖	总植物碱	总氮	K_2O	Cl
下部	T2	21.2	22.3	1.66	2.18	3.13	0.92
下部	T3	17.2	18.7	1.90	2.54	3.12	1.32
下部	T4	16.4	18.0	2.17	2.58	3.20	0.69
下部	T5	17.4	18.7	2.03	2.40	3.28	0.68
下部	T6	13.7	15.2	1.87	2.42	3.37	0.71
下部	T7	18.7	20.5	1.71	2.20	3.37	1.23

5. 组合方法对棕壤烟叶感官质量的影响

通过感官质量评价，各处理差异不明显，说明钝化组合处理并没有影响到烟叶感官质量（表 6-3-7）。

表 6-3-7　钝化剂组合对棕壤烟叶感官质量的影响

处理	香型	劲头	浓度	香气质	香气量	余味	杂气	刺激性	燃烧性	灰色	得分	质量档次
				15	20	25	18	12	5	5	100	
T1	中间	适中	中等+	11.3	16.3	19.3	13.3	8.8	3	2.9	74.9	中等+
T2	中间	适中	中等+	11.1	16.1	19.1	13.1	8.8	3	2.9	74.1	中等+
T3	中间	适中	中等+	10.4	15.7	18.2	12.0	8.6	3	2.9	70.8	中等
T4	中间	适中	中等+	10.7	15.7	18.4	12.3	8.6	3	2.9	71.6	中等
T5	中间	适中	中等+	10.9	15.9	18.7	12.7	8.7	3	2.9	72.8	中等
T6	中间	适中	中等+	10.9	16.0	18.6	12.7	8.8	3	2.9	72.9	中等
T7	中间	适中	中等+	10.4	15.8	18.3	12.1	8.6	3	2.9	71.1	中等

（二）水稻土中赤泥、油菜秸秆、磷和锌的组合效果

1. 试验方法

采用田间小区试验，试验地点在贵州省遵义县。供试土壤为水稻土，供试烟草品种为云烟 87。试验赤泥用量两个水平，分别为 300、500 kg/ 亩，油菜秸秆用量两个水平，分别为 100、200 kg/ 亩，赤泥与油菜秸秆进行组合，加对照共 5 个处理。除对照外，每处理施用硫酸锌（$ZnSO_4$，不包括结晶水）（Zn）用量为 2kg/ 亩；磷酸二铵（P）用量为 10 kg/ 亩（正常肥料用量照常进行）；由于土壤 pH 值 < 6，除对照外各处理添加石灰 20 kg/ 亩。小区面积为

24 m×5 m，植烟行距 1 m，株距 0.7 m。按照优质烤烟生产规范进行管理。

2. 组合方法对水稻土重金属的影响

添加钝化剂后，土壤重金属没有显著变化，说明钝化剂中没有向土壤施入过多的重金属（表 6-3-8）。

表 6-3-8　钝化剂组合对水稻土重金属的影响　　（mg/kg）

	处理	As	Cd	Cr	Hg	Pb
T1	对照 CK	10.86	0.42	64.69	0.28	27.37
T2	赤泥 300+ 油菜秸秆 100kg/ 亩 +P+Zn	11.36	0.39	64.57	0.22	26.88
T3	赤泥 500+ 油菜秸秆 100kg/ 亩 +P+Zn	11.42	0.39	59.45	0.21	27.41
T4	赤泥 300+ 油菜秸秆 200kg/ 亩 +P+Zn	11.21	0.39	60.99	0.21	26.74
T5	赤泥 500+ 油菜秸秆 200kg/ 亩 +P+Zn	11.92	0.38	63.23	0.20	26.80

3. 组合方法对水稻土烟草生长的影响

对水稻土烟草农艺性状的测定说明，钝化剂处理对烟草生长没有显著影响（表 6-3-9）。

表 6-3-9　钝化剂组合对水稻土烟草农艺性状的影响

处理	株高（cm）	叶数（片）	茎围（cm）	节距（cm）	腰叶长（cm）	腰叶宽（cm）
T1	90.6	16.8	9.4	5.8	59.6	26.4
T2	93.8	18.8	8.2	5.3	56.6	24.6
T3	87.2	18.6	8.6	5.0	58.8	25.0
T4	89.4	18.8	9.0	5.1	60.2	27.6
T5	96.6	17.6	9.0	5.9	61.4	27.6

4. 组合方法对水稻土烟叶重金属的影响

水稻土钝化剂处理对烟叶 Cd 同样具有显著的消减效果，特别是对上部叶和下部叶。除了 T3 对上部叶外，其他处理对中叶和下部叶 Cd 含量的消减率都超过了 31%，最高达到 67.8%。对中部叶消减效果不显著，可能是中部叶采收位置的差异影响（图 6-3-2）。

钝化剂组合对烟叶 As、Cr、Hg 和 Pb 没有显著消减效果（表 6-3-10 至表 6-3-13）。

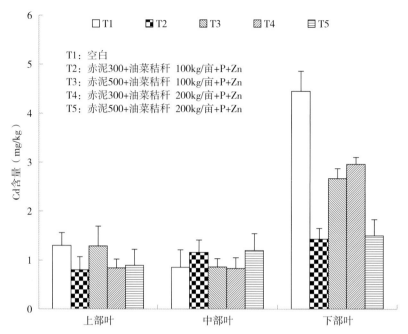

图 6-3-2 组合消减剂对水稻土烟叶 Cd 的影响

表 6-3-10 钝化剂组合对水稻土烟叶 As 的影响   （mg/kg）

处理	上部叶	中部叶	下部叶
T1	0.46	0.52	0.49
T2	0.64	0.60	0.26
T3	0.39	0.53	0.64
T4	0.46	0.54	0.58
T5	0.54	0.54	0.66

表 6-3-11 钝化剂组合对水稻土烟叶 Cr 的影响   （mg/kg）

处理	上部叶	中部叶	下部叶
T1	1.61	2.17	1.57
T2	2.05	2.18	0.88
T3	0.74	1.98	2.12
T4	2.05	2.38	2.05
T5	1.97	1.92	2.60

表 6-3-12　钝化剂组合对水稻土烟叶 Hg 的影响　　　　　　（mg/kg）

处理	上部叶	中部叶	下部叶
T1	0.041	0.039	0.043
T2	0.039	0.040	0.011
T3	0.056	0.031	0.039
T4	0.041	0.044	0.039
T5	0.038	0.029	0.041

表 6-3-13　钝化剂组合对水稻土烟叶 Pb 的影响　　　　　　（mg/kg）

处理	上部叶	中部叶	下部叶
T1	0.69	0.51	0.60
T2	0.70	0.52	0.57
T3	1.90	0.72	0.66
T4	0.54	0.44	0.64
T5	0.61	0.97	0.69

5. 组合方法对水稻土烟叶化学品质的影响

经过钝化剂组合处理后，各处理还原糖、总糖比对照基本略有降低，总植物碱、总氮略有增加，各处理影响并不显著（表 6-3-14）。

表 6-3-14　钝化剂组合对水稻土烟叶化学成分的影响　　　　　　（%）

处理	还原糖	总糖	总植物碱	总氮	K_2O	Cl
T1	6.70	9.79	2.89	2.86	1.01	0.32
T2	4.96	6.57	2.88	2.99	1.28	0.32
T3	5.09	8.05	2.72	2.92	0.92	0.22
T4	5.69	8.28	2.59	3.07	0.98	0.21
T5	5.23	7.01	3.06	3.08	1.07	0.29

6. 组合方法对水稻土烟叶感官质量的影响

通过感官质量评价，各处理差异不明显，说明钝化组合处理并没有影响到烟叶感官质量（表 6-3-15）。

表 6-3-15　钝化剂组合对水稻土烟叶感官质量的影响

处理	香型	劲头	浓度	香气质	香气量	余味	杂气	刺激性	燃烧性	灰色	得分	质量档次
				15	20	25	18	12	5	5	100	
T1	中间	适中	中等+	10.50	15.50	18.17	12.25	8.75	3	2.92	71.1	中等
T2	中间	适中+	中等+	10.08	15.33	18.00	11.92	8.58	3	2.92	69.8	中等–
T3	中间	适中+	中等+	10.08	15.33	17.83	11.92	8.42	3	2.92	69.5	中等–
T4	中间	适中	中等+	10.75	15.42	18.50	12.50	8.75	3	2.92	71.8	中等
T5	中间	适中+	中等+	10.08	15.33	17.83	11.75	8.33	3	2.92	69.3	中等–

（三）红壤中赤泥、油菜秸秆、磷和锌的组合效果

1. 试验方法

采用田间小区试验，试验地点在云南省罗平县。供试土壤为红壤，供试烟草品种为云烟87。试验赤泥用量3个水平，分别为300、500、700 kg/亩，油菜秸秆用量两个水平，分别为100、200 kg/亩，赤泥与油菜秸秆进行组合，加对照共7个处理。除对照外，每处理施用硫酸锌（$ZnSO_4$，不包括结晶水）（Zn）用量为2kg/亩；磷酸二铵（P）用量为10 kg/亩（正常肥料用量照常进行）；由于土壤pH值< 6，除对照外各处理添加石灰20 kg/亩。小区面积4.8 m×5 m，植烟行距1.2 m，株距0.5 m。按照优质烤烟生产规范进行管理。

2. 组合方法对红壤重金属的影响

添加钝化剂后，土壤重金属没有显著变化，说明钝化剂中没有向土壤施入过多的重金属（表6-3-16）。

表 6-3-16　钝化剂组合对红壤重金属的影响　　　　　　　　（mg/kg）

	处理	As	Cd	Cr	Hg	Pb
T1	对照 CK	56.40	1.75	69.52	0.14	45.70
T2	赤泥 300+ 油菜秸秆 100kg/亩 +P+Zn	54.43	1.46	71.72	0.13	40.52
T3	赤泥 500+ 油菜秸秆 100kg/亩 +P+Zn	52.27	1.46	69.97	0.14	32.09
T4	赤泥 700+ 油菜秸秆 100kg/亩 +P+Zn	54.05	1.40	70.28	0.11	36.20
T5	赤泥 300+ 油菜秸秆 200kg/亩 +P+Zn	53.99	1.75	73.25	0.13	60.59
T6	赤泥 500+ 油菜秸秆 200kg/亩 +P+Zn	56.83	1.52	69.56	0.11	57.94
T7	赤泥 700+ 油菜秸秆 200kg/亩 +P+Zn	57.02	1.44	73.09	0.14	53.36

3. 组合方法对红壤烟草生长的影响

在红壤烟草农艺性状的测定说明，钝化剂处理对烟草生长没有显著影响

（表 6-3-17）。

表 6-3-17 钝化剂组合对红壤烟草农艺性状的影响

处理	株高（cm）	叶数（片）	茎围（cm）	节距（cm）	腰叶长（cm）	腰叶宽（cm）
T1	78.93	16.73	9.17	5.13	65.97	25.90
T2	78.87	17.00	9.87	5.13	64.87	27.10
T3	80.47	16.73	9.30	5.20	66.30	25.53
T4	81.40	18.13	10.27	4.80	67.00	29.07
T5	82.40	17.60	9.63	5.13	68.33	29.00
T6	81.60	15.80	9.20	5.60	65.80	26.73
T7	80.67	16.13	9.37	5.53	66.93	26.97

4. 组合方法对红壤烟叶重金属的影响

红壤 5 个处理对上部叶和下部叶中 Cd 含量具有明显的降低效果，仅 T7 对 3 个部位叶片没有效果。上部叶各处理间消减率差异较大，最大超过 40%，而下部叶消减率相对较小。至于中部叶效果不明显，可能是因为烟株间含量的差异性，也可能和不同烟叶部位叶片的分部有关（图 6-3-3）。

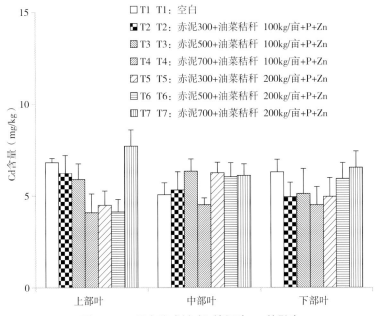

图 6-3-3 组合消减剂对红壤烟叶 Cd 的影响

钝化剂组合对烟叶 As、Cr、Hg 和 Pb 没有显著消减效果（表 6-3-18 至表 6-3-21）。

表 6-3-18　钝化剂组合对红壤烟叶 As 的影响　　　　（mg/kg）

处理	上部叶	中部叶	下部叶
T1	0.22	0.29	0.16
T2	0.19	0.26	0.20
T3	0.19	0.19	0.18
T4	0.17	0.25	0.24
T5	0.17	0.21	0.20
T6	0.17	0.18	0.25
T7	0.25	0.21	0.24

表 6-3-19　钝化剂组合对红壤烟叶 Cr 的影响　　　　（mg/kg）

处理	上部叶	中部叶	下部叶
T1	0.52	0.82	0.53
T2	0.37	0.76	0.52
T3	0.42	0.47	0.44
T4	0.38	0.69	0.54
T5	0.42	0.48	0.43
T6	0.40	0.44	0.58
T7	0.59	0.39	0.56

表 6-3-20　钝化剂组合对红壤烟叶 Hg 的影响　　　　（mg/kg）

处理	上部叶	中部叶	下部叶
T1	0.041	0.039	0.035
T2	0.049	0.044	0.033
T3	0.033	0.036	0.027
T4	0.038	0.036	0.029
T5	0.040	0.040	0.029
T6	0.038	0.037	0.035
T7	0.043	0.036	0.040

表 6-3-21　钝化剂组合对红壤烟叶 Pb 的影响　　　　（mg/kg）

处理	上部叶	中部叶	下部叶
T1	1.61	1.82	1.57
T2	2.54	1.65	1.32
T3	1.20	1.76	1.28
T4	1.92	1.29	1.36
T5	2.03	1.46	1.32
T6	1.91	1.86	1.60
T7	2.20	1.57	1.51

5. 组合方法对红壤烟叶化学品质的影响

经过钝化剂组合处理后，各处理还原糖、总糖和钾比对照基本上增加，总植物碱、总氮、氯基本上降低。因此，钝化处理可以有一定提高糖碱比和钾氯比的效果，有一定提高烟草化学品质的作用（表 6-3-22）。

表 6-3-22 钝化剂组合对红壤烟叶化学成分的影响 （%）

处理	还原糖	总糖	总植物碱	总氮	K$_2$O	Cl
T1	20.4	21.2	2.39	2.29	1.71	0.27
T2	22.0	23.2	2.37	2.32	1.69	0.33
T3	24.8	26.3	2.10	2.08	1.79	0.38
T4	22.3	23.4	2.39	2.30	1.83	0.31
T5	23.4	24.4	1.92	2.07	1.83	0.39
T6	24.7	25.3	2.18	2.12	1.71	0.38
T7	20.7	21.8	2.78	2.42	1.74	0.43

6. 组合方法对红壤烟叶感官质量的影响

通过感官质量评价，各处理差异不明显，说明钝化组合处理并没有影响到烟叶感官质量，可能还略有改善作用（表 6-3-23）。

表 6-3-23 钝化剂组合对红壤烟叶感官质量的影响

处理	香型	劲头	浓度	香气质	香气量	余味	杂气	刺激性	燃烧性	灰色	得分	质量档次
				15	20	25	18	12	5	5	100	
T1	中间	适中	中等	11.00	16.00	18.67	12.75	8.58	3	3	73.0	中等
T2	中间	适中	中等	11.17	16.17	18.75	12.92	8.83	3	3	73.8	中等+
T3	中间	适中	中等	11.33	16.08	19.08	13.25	8.75	3	3	74.5	中等+
T4	中间	适中	中等	10.92	16.00	18.75	12.83	8.83	3	3	73.3	中等
T5	中间	适中	中等	11.58	16.25	19.42	13.42	9.00	3	3	75.7	较好-
T6	中间	适中	中等	11.17	16.00	18.92	12.92	8.92	3	3	73.9	中等+
T7	中间	适中	中等	10.75	15.75	18.42	12.42	8.67	3	3	72.0	中等

（四）黄棕壤中赤泥、油菜秸秆、磷和锌的组合效果

1. 试验方法

采用田间小区试验，试验地点在贵州省遵义县。供试土壤为黄棕壤，供试烟草品种为南江 3 号。试验赤泥用量两个水平，分别为 200、300 kg/ 亩，油菜秸秆用量两个水平，分别为 100、200 kg/ 亩，赤泥与油菜秸秆进行组合，加对照共 5 个处理。除对照外，每处理施用硫酸锌（ZnSO₄，不包括结晶水）（Zn）用量为 2 kg/ 亩；磷酸二铵（P）用量为 10 kg/ 亩（正常肥料用量照常进行）；由于土壤 pH 值＜6，除对照外各处理添加石灰 20 kg/ 亩。小区面积为 4.8 m× 5 m，植烟行距 1.2 m，株距 0.5 m。按照优质烤烟生产规范进行管理。

2. 组合方法对黄棕壤烟叶 Cd 的影响

优化后钝化剂各处理对烟草各部位 Cd 都有降低作用，茎根中 Cd 的消减率为 7.3%～47.1%，上部叶为 8.5%～47.1%，中部叶为 12.2%～41.9%，下部叶为 4.5%～56.7%。T3 和 T4 效果较好，中部叶消减效果略低于其他部位。可见，在油菜秸秆低施入量下，赤泥施用高，消减率也升高；在油菜秸秆高施入量下，赤泥施用高，消减率反而降低。这与其他土壤类型试验结果相吻合。烟草生长农艺性状、成熟落黄和病虫害发生等各处理间没有显著差异，烟叶常规化学成分指标检测结果和感官质量评价结果也没有显著性差异，说明消减技术不影响烟草生长和烟叶质量（图 6-3-4）。

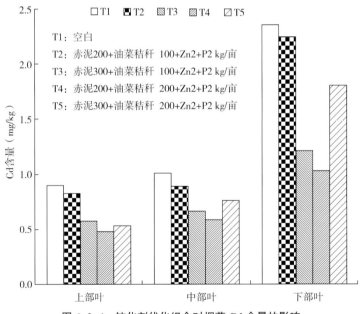

图 6-3-4　钝化剂优化组合对烟草 Cd 含量的影响

（五）沸石、谷糠和石灰组合的效果

1. 试验方法

采用田间小区试验，试验地点为江西省会昌县。供试土壤为红壤，烟草品种为 K326。试验设 3 个处理，沸石粉分别为 100、300 kg/ 亩，除对照外每处理施用篱谷糠粉 100 kg/ 亩和生石灰 20 kg/ 亩。每小区 5 m×10 m，行距 1.2 m，株距 0.5 m。每处理设置 3 个重复，随机区组排列。移栽后按大田生产管理，进行生育期调查、农艺性状调查、病虫害调查，记录相关农艺操作事项。

2. 沸石、谷糠和石灰对烟叶 Cd 的影响

试验表明沸石和谷糠的组合能有效降低烟叶中的 Cd，如分别施用 100 kg/ 亩烟叶中的 Cd 可降低 20% 以上。沸石多施效果反而下降（图 6-3-5）。

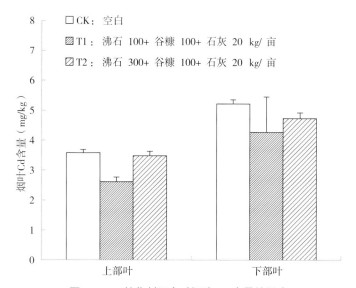

图 6-3-5 钝化剂组合对烟叶 Cd 含量的影响

二、多年持效性

对上述水稻土试验一次实施后进行连续多年的采样监测。2011 年采用赤泥、油菜秸秆、磷、锌的不同组合进行试验。赤泥与油菜秸秆等组合的消减剂对烟叶 Cd 含量的降低具有明显的持续性效果。

各处理 2012 年对根茎中 Cd 的消减率为 21.82% ～ 34.35%，对上部叶为 6.9% ～ 32.5%，中部叶为 9.1% ～ 17.8，下部叶为 14.5% ～ 41.6%。可见，2011 年烟叶消减率超过 30%，2012 年也可达 30%，2013 年对烟叶 Cd 含量消减率平均仍在 30% 以上。因此，复合消减剂对烟草镉含量的降低具有多年持续性，而且处理对中部叶消减效果不如上部叶和下部叶（图 6-3-6 至图 6-3-8）。

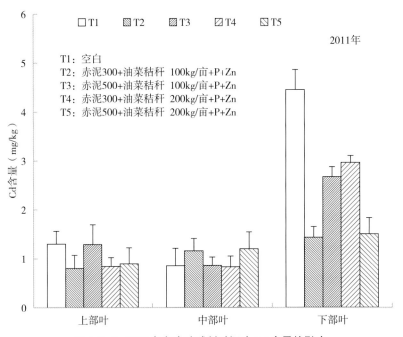

图 6-3-6　2011 年复合消减剂对烟叶 Cd 含量的影响

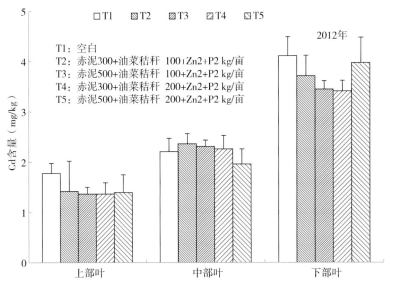

图 6-3-7　2012 年复合消减剂对烟叶 Cd 含量的影响

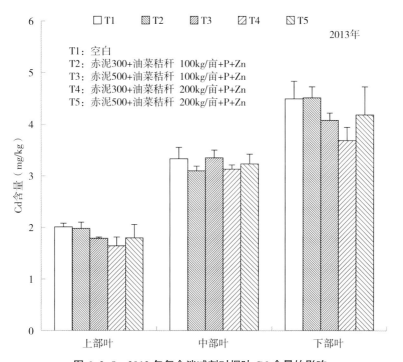

图 6-3-8　2013 年复合消减剂对烟叶 Cd 含量的影响

第四节
烟草重金属风险控制策略

重金属风险控制仍然是一个世界性难题，农产品中重金属风险的控制一般应遵循"预防—控制—修复"三位一体的技术原则，因土壤条件、作物种类、农艺生产措施等的差异，控制手段也应有所不同。重金属风险控制以预防为主，注重源头控制和种植布局合理规划。虽然此前开发了物理、化学和生物等方面的诸多重金属风险控制技术，但每种方法均各有优、缺点，适用条件也有所差异，所以农业生产中应用效果参差不齐。因此，针对不同区域或不同土壤重金属风险水平，应制订不同的技术策略或区域策略，先从大方向进行指导。

一、技术策略

外源控制、烟叶阻控和烟叶消减措施相结合。外源控制主要包括控制肥料、灌溉水和农药中重金属进入土壤中，保护烟区土壤，使其重金属水平不再增加。除控制外源重金属进入外，可对土壤或烟叶重金属进行土壤施用拮抗或叶片喷施 Zn、P 或生理抑制剂阻抗处理，降低烟草对重金属的积累。另外还可对土壤重金属进行钝化、吸附等复合技术处理，减少重金属有效性，降低重金属从土壤向烟草的迁移。酸性土壤可以施入碱性矿物（如石灰、白云石粉等），中性土壤可施入赤泥、油菜秸秆等钝化剂（表 6-4-1）。

表 6-4-1　烟区 Cd 控制策略与土壤性质

土壤 Cd 含量（mg/kg）	土壤 pH 值	控制策略
< 0.3		源头控制
0.3 ～ 0.6	> 6.5	叶片喷施消减
0.3 ～ 0.6	< 6.5	土壤钝化消减
> 0.6	> 6.5	土壤钝化消减
> 0.6	< 6.5	复合消减

二、区域控制策略

全国植烟土壤重金属含量基本与全国土壤背景值相吻合，个别异常点可能是由于点源污染造成的。我国植烟地区地质状态的形成、发展和演化，是中国大地构造发展的一部分，是在中国大地的基础上发展演化来的。经过远古不同时期不同地带的多次造山旋回，从而形成如今区域特色鲜明的地质分布，最终导致区域化母质形成规律分布的土壤类型。中国土壤的水平地带性分布，在东部湿润、半湿润区域，表现为自南向北依次热带为砖红壤，南亚热带为赤红壤，中亚热带为红壤和黄壤，北亚热带为黄棕壤，暖温带为棕壤和褐土，温带为暗棕壤，寒温带为漂灰土，其分布与纬度变化基本一致。

（一）西南烟区

云南、贵州省全部、四川西南部和南部以及广西西北部主要处于我国中亚热带红壤、黄壤地带西段，因此，植烟土壤类型以红壤和黄壤为主。红壤主要分布在黔南、滇北和川西南地区，黄壤以贵州省为主，桂、滇等省也有分布。此外有部分分布的赤红壤、水稻土、紫色土和石灰（岩）土等初育性土壤等。此区土壤局部母岩重金属含量较高，加之矿藏丰富，采矿业的发展，土壤重金属易受到外源进入。而且，此区土壤富铝化，多呈弱酸性，易使得土壤中结合态的重金属转化为可为植物利用的有效态。因此，此区外源控制注意矿区的分布，还要与阻抗消减技术结合进行综合防控。

（二）东南烟区

海南、广东、广西、福建、浙江、江西、台湾等省份全部，江苏、安徽的南部，湖南东南部，湖北的东部的土壤主要包括红壤、黄壤、赤红壤和砖红壤等。其中皖南低山丘陵是红壤间杂黄壤；湘中、赣中、金衢丘陵盆地以红壤为主，间杂紫色土；浙、闽山丘盆地主要是红壤和黄壤，南岭山地除红壤、黄壤外，还间杂有黑色石灰土；大别山低山丘陵、江淮丘陵属黄刚土和马肝土，珠江三角洲和闽、粤两省的滨海、丘陵、平原等地为赤红壤。此区海拔较低，部分重金属背景值有局部异常，但采矿业发达，部分土壤呈酸性，应注意控制其重金属有效态的转化，控制策略宜以提高土壤碱性为主。

（三）长江中上游烟区

重庆市全部、四川省东部和北部、湖北省西部、湖南省西部以及陕西省南部主要植烟土壤有黄壤、黄棕壤，还有紫色土和部分石灰（岩）土等初育性土壤、高原山地棕壤以及河谷的褐土等。此区土壤 pH 值范围较宽，除部分可进行消减外，还应特别注意外源特别是灌溉水中重金属的进入。

（四）黄淮烟区

山东、河南全部，安徽省北部地区主要土壤类型有棕壤、褐土、潮土、砂姜黑土等。大部分区域为棕壤—褐土，包括山东半岛的低山丘陵、黄淮平原、关中平原。潮土广泛分布在冲积平原和滨海平原上，包括河南、山东、徐淮等地，是该区的主要农业土壤类型。此区土壤重金属背景值相对较低，且土壤呈中性，需要注意外源重金属的进入，部分地区注意工业废弃物的影响。

（五）北方烟区

吉林、辽宁、黑龙江、内蒙古全部，陕西、甘肃的一部分，其中东北平原地势平坦，土壤肥沃，以黑土、河淤土、棕色土为主；陕北、山西、河北、甘肃陇东和内蒙古以褐土为主。此区土壤重金属背景值相对较低，以外源控制为主，某些区域注意老工业区的复垦及污灌的控制。

总之，可根据烟草及产地重金属风险评价结果与产地土壤理化特性，制订重金属消减策略。在土壤重金属钝化、烟草重金属阻抗两大体系中筛选出6项技术。酸性土壤产地，可每亩基施100 kg石灰、白云石或沸石等进行土壤酸碱度调整；土壤中性产地，可每亩基施200 kg赤泥或海泡石对土壤重金属离子进行吸附；土壤偏碱性产地，可每亩基施100 kg油菜秸秆或玉米秸秆等对土壤重金属进行螯合；重金属含量较低产地，可每亩基施10 kg或每亩喷施2 kg锌、磷、硒或钼肥等进行重金属吸收拮抗，或以喷施脱落酸、黄腐酸钾等蒸腾抑制剂进行重金属吸收生理抑制；重金属含量较高的产地则可采用以上两项或多项技术进行组合的烟叶重金属复合消减技术，推荐每亩基施300 kg赤泥、100 kg油菜秸秆、2 kg硫酸锌、10 kg磷酸二铵的组合。此技术体系可降低烟叶镉在40%以上，其他重金属20%以上，且不对烟草生长和烟叶外观及感官质量产生不利影响，其中多项技术使用一次可有多年持效性。

重金属消减技术采用分区域和现状制订消减控制策略，而应用的原则是因地制宜和降低成本。从重金属风险水平从低到高依次可以选用外源控制、离子拮抗、生理抑制、吸附或螯合、复合技术。对于土壤偏酸的土壤则采用酸碱度调整技术。对于材料的选择，可选择当地易得和成本较低的材料。

第七章

主要结论与思考

第一节
主要科学发现

一、烟草重金属关键控制节点与风险评估方法

烟草重金属风险评估是重金属控制的基础，然而烟草及产地重金属没有系统的风险评估方法，主要是因为烟草及卷烟制品没有重金属限量标准，缺乏评估的基准。由于烟草是吸食品，主要通过呼吸系统吸收进入人体，和大多食品通过消化系统吸收具有本质的区别，从而烟草不能借用其他植物重金属限量标准。因此，烟草及烟草制品重金属限量阈值推导方法的研究成为必要，而阈值推导的前提是明确土壤–烟草–烟气关键控制节点重金属迁移状况。

1. 明确重金属在土壤–烟叶–烟气的关键迁移节点

对于土壤–烟叶环节，揭示烟草镉富集特性，对全国代表土壤与烟叶对应调查发现，镉（Cd）的富集系数平均值为 8.9，转运系数大于 1，而其他微量元素（Ag、As、Be、Bi、Co、Cr、Cs、Cu、Ga、Li、Mo、Ni、Pb、Rb、Sr、Tl、V、Zn 等）的富集系数和转运系数基本均小于 1，说明烟草不仅是 Cd 富集植物，且对 Cd 专一富集。

对于烟叶–烟气环节，研究了卷烟燃吸前后各部分重金属迁移情况。卷烟中烟丝重金属 As、Cd、Hg 和 Pb 占总量的 90% 以上，卷烟燃吸后，3/4 以上的 As、Pb 进入了烟灰，超过一半 Cd 和 Hg 进入烟蒂，而近 2/3 的 Cr 则进入滤嘴和接装纸，进入主流烟气的重金属小于 6%。

2. 基于空气健康风险评估方法反向推算烟叶重金属限量阈值

对于推算方法，针对烟草及卷烟制品国内外尚没有重金属限量标准的现状，本项目创新地将空气健康风险评估方法应用到烟气中，按照重金属致癌与非致癌性风险参数可接受范围（分别小于 0.0001 和 1），依据上述烟叶–烟气重金属转移率，反向推算出烟叶砷、镉、铬、汞和铅控制基准阈值分别为 3.64、3.0、5.08、1.7、45.5 mg/kg。

对于阈值验证，通过土壤重金属筛选值（GB 15618—2018）与烟叶重金属富集系数的结合进行验证，发现烟草作为 Cd 富集植物，Cd 验证结果与阈值持平，而砷、铬、汞和铅验证结果均低于安全阈值水平，从而提出烟草中砷、镉、铬、汞和铅限量标准推荐值分别为 0.85、3.0、3.0、0.2、5.0 mg/kg。

3. 构建烟草及产地土壤重金属风险评价体系

构建以地积累指数法、富集因子法、污染指数法、潜在生态风险评价法、健康风险评价法为基础的评价体系，可从不同角度评价植烟土壤重金属风险状况；构建以空气健康风险评估方法推导的烟叶重金属限量阈值为基础的烟叶重金属风险评价体系（图 7-1-1）。

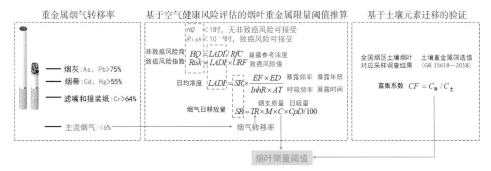

图 7-1-1　烟草及产地土壤重金属风险评价体系

二、烟草镉吸收转运和储存生理机制

Cd 是全国农田土壤重金属风险最高的重金属，而且烟草对 Cd 专一富集，所以，Cd 是烟草重金属研究和阻控的重点，而揭示烟草 Cd 富集和耐性机制是阻控的关键。

1. 创建了土壤 Cd 生物有效性模型

对于吸收动力学层面，发现烟草叶、茎、根和木质部汁液对 Cd 吸收时间动力学符合 Logistic 方程，浓度动力学符合米氏方程，通过对距离根尖顶端 0 ～ 2 000 μm 的 8 个点的测量，表明距根尖 500 μm 位置 Cd^{2+} 通量最高，就是 Cd 主要吸收位置。

对于生物有效性模型，创新地构建了基于土壤 Cd 浓度、pH 值、有机质含量的烟叶 Cd 含量预测模型：log[烟草 Cd]=3.04+1.212 log[土壤 Cd]−0.270pH−0.264 log[OC]（ R^2=0.911）。

2. 在烟草 Cd 转运机制研究方面取得突破

对于转运生理机制层面，发现烟叶 Cd 含量与烟叶蒸腾速率呈线性正相关（$R^2=0.82$）。蒸腾抑制对烟叶 Cd 含量的影响大于代谢抑制，而对茎部影响则相反。创新半数叶遮光法，同株烟草被遮光的半数叶片 Cd 含量比对照下降72.5%，而未遮光的半数叶无显著差异，说明蒸腾作用是 Cd 由木质部转运至叶片的主要动力。所以，Cd 首先通过消耗代谢能量的主动运输经共质体途径到达木质部，再通过蒸腾拉力被动运输与其他离子一起到达地上部。

对于转运分子机制层面，转录组测序发现，Cd 处理下普通烟草（*Nicotiana tabacum* L.）叶和根中分别有 576 个和 1 543 个差异表达基因，主要集中在谷胱甘肽代谢、苯丙烷生物合成、萜类主链生物合成等途径。而黄花烟草（*Nicotiana rustica* L.）的叶和根中分别有 173 个和 710 个差异表达基因，主要集中在牛磺酸和次牛磺酸代谢、苯丙酸生物合成、苯丙氨酸代谢等途径。通过比较转录组学分析筛选出金属通量（ZIPs）、区隔（MTPs）、再活化（NRAMPs）和螯合（GSTs、ABCCs 和 MTs）等差异表达的基因。

3. 阐明烟草 Cd 储存与耐性解毒机制

对于 Cd 赋存化学形态，烟草水、氯化钠和乙酸提取态的 Cd 占植株总 Cd 的 90% 以上。根部乙酸提取态的 Cd 最高，即难溶性重金属磷酸盐二代磷酸盐 $[M(HPO_4)_n]$ 和 $[M(PO_4)_n]$ 等是烟草 Cd 的主要储存和解毒形态。叶部随着环境 Cd 浓度提高，氯化钠提取态 Cd（包括果胶盐、与蛋白质结合态或呈吸着态）成为主要储存和解毒形态。而茎部主要是以水提取态 Cd，即水溶性有机酸盐、重金属一代磷酸盐 $[M(H_2PO_4)_n]$，作为烟草 Cd 的主要转运形态，在高 Cd 胁迫时也可作为储存形态。

对于亚细胞分布，Cd 主要存于含核糖体的可溶性组分中，其次是细胞壁中，在细胞核和叶绿体、线粒体组分中含量较少。烟草根和叶细胞可溶性组分 Cd 含量分别占细胞总含量的 60% 和 45% 以上；而根和叶细胞壁组分 Cd 含量分别占细胞总含量的 15% 和 10% 以上，故液泡和细胞壁对 Cd 区隔化作用是烟草 Cd 解毒的主要途径。

从抗氧化能力上，Cd 处理增加了烟草活性氧物质的含量，为应对胁迫，烟草增强了抗氧化能力，谷胱甘肽（GSH）、谷胱甘肽巯基转移酶（GST）、抗氧化酶过氧化氢酶（CAT）和超氧化物歧化酶（SOD）的活性均显著提高。

4. 根据重金属积累特征和机制开发重金属消减途径

依据土壤 pH 值、无机矿物、有机质对重金属生物有效性的影响，开发出土壤酸碱度调整、重金属吸附和螯合3种土壤重金属钝化技术；依据蒸腾对Cd富集的影响，开发出喷施脱落酸、黄腐酸钾等蒸腾抑制剂的重金属吸收生理抑制技术；依据共存阳离子影响，开发出锌、磷、硒或钼肥等重金属吸收拮抗技术；重金属风险较高的产地则可采用以上两项或多项技术进行组合的烟叶重金属复合消减技术。

对全国植烟10个主栽品种中烟100、K326、红花大金元、云烟85、云烟87、NC89、翠碧1号、龙江851、湘烟三号、豫烟3号的研究表明，不同烟草品种对5种重金属富集能力、敏感程度有一定差异，但主栽品种之间的差异尚未达到利用品种控制重金属的要求，因而烟草品种筛选仍是未来重金属潜在的控制手段之一。

三、植烟土壤重金属外源解析与区域控制策略

植烟土壤不同于其他作物以农户为主自由的耕作方式，而是由地方烟草主管部门统一管理，形成了一套省烟草专卖局（公司）—地市局（公司）—县局（公司）—烟站的垂直管理体系，在区域科学研究和新技术推广具有相当的便利优势。数10年来，烟区肥料、农药等农用物资由地市级或以上相关主管部门进行统一采购，施用方式和用量也根据当地生产规范进行，所以，植烟土壤人为影响在区域内造成的变异要远小于其他农业利用类型，因此更适于分区域建立重金属控制策略。

1. 阐明烟区土壤重金属空间分布和收支状况

根据全国烟区肥料、灌溉水、农药重金属调研情况，结合大气沉降数据计算代表植烟区域土壤重金属总输入量，依据烟草积累量数据估算区域土壤重金属总输出量，明确区域土壤重金属净累积量和盈亏状况，估算代表区域安全年限。

2. 解析植烟土壤重金属来源及贡献

定性分析方面，利用元素相关分析、主成分分析、聚类分析等数学统计分析方法，解析植烟土壤主要外源类型。定量分析方面，可利用农业生产过程中重金属外源进入量的估算，或利用正定矩阵因子分析模型（PMF），解析了植烟土壤重金属的主要来源途径与相对贡献。植烟土壤重金属来源主要可分为土壤母质、工业活动、农业活动和大气沉降4个类别。通过植烟土壤重金属进出和外源总量的定量计算结果支持定性分析结果，土壤重金属主要外源为大气沉降、肥料和灌溉水，其中肥料是土壤重金属外源中重要且可控的

因素。

3. 区域尺度重金属控制策略的制订

从传统五大烟区尺度上说，西南烟区主要注意矿区的分布，结合阻抗消减技术进行综合防控；东南烟区注意控制其重金属有效态的转化，控制策略宜以提高土壤碱性为主；长江中上游烟区土壤 pH 值范围较宽，除部分可进行消减外，还特别注意外源尤其是灌溉水中重金属的进入；黄淮烟区和北方烟区注意外源重金属的进入，某些区域注意老工业区的复垦及污灌的控制。各烟区内不同区域再依据土壤烟叶重金属含量、风险和外源解析情况的不同，制订相应更为详细的区域尺度重金属综合控制策略。

4. 建立了烟草重金属控制和消减技术体系

根据烟草及产地重金属风险评价结果与产地土壤理化特性，制定重金属消减策略。在土壤重金属钝化、烟草重金属阻抗两大体系中筛选出 6 项技术进行应用。酸性土壤产地，可每亩基施 100 kg 石灰、白云石或沸石等进行土壤酸碱度调整；土壤中性产地，可每亩基施 200 kg 赤泥或海泡石对土壤重金属离子进行吸附；土壤偏碱性产地，可每亩基施 100 kg 油菜秸秆或玉米秸秆等对土壤重金属进行螯合；重金属含量较低产地，可每亩基施 10 kg 或每亩喷施 2 kg 锌、磷、硒或钼肥等进行重金属吸收拮抗，或以喷施脱落酸、黄腐酸钾等蒸腾抑制剂进行重金属吸收生理抑制；重金属含量较高的产地则可采用以上两项或多项技术进行组合的烟叶重金属复合消减技术，推荐每亩基施 300 kg 赤泥、100 kg 油菜秸秆、2 kg 硫酸锌、10 kg 磷酸二铵的组合，在红壤、水稻土、黄棕壤烟田可降低烟叶镉含量 20% ～ 40%，其他重金属 20% 左右，定位观察点水稻土处理后第三年烟叶镉含量仍较对照低 30%。

第二节
研究成果应用前景

　　研究所得推荐烟叶及产地土壤重金属限量标准、土壤外源重金属分析与风险评估方法皆可以由烟草主管部分向全国各地区推广，利用当地更为翔实的数据进行各地区烟草及产地重金属风险评估，明确各地区重金属风险关键控制环节，并以此为依据制订各地区重金属控制策略。开发形成的烟草产地外源重金属控制技术体系与烟草重金属 Cd 消减技术体系可依据不同产区特点进行应用推广，降低当地烟叶和产地重金属风险，为生产低危害烟叶原料，保障中式卷烟生产做出贡献。

　　本研究提出的烟草重金属限量标准和产区重金属风险评估方法，可作为烟草及植烟土壤不同尺度、不同区域的重金属风险评估、监测的依据，便于不同区域间评估结果的比较，便于烟草行业掌握全国烟草及产地重金属风险状况。

　　本研究完成的烟草及植烟土壤重金属风险评估结果，可为国家烟草专卖局、各省烟草专卖（公司）重金属防控及治理决策提供科学依据。

　　本研究制定的烟草及产地重金属控制技术，可用于全国烟草外源重金属的控制，从源头减少烟田重金属的进入，保障烟田土壤质量安全，尤其适用于基地单元及重金属安全区域。

第三节
关于烟草重金属控制的几点建议

一、统一行业对烟草重金属安全的认识

（一）客观认识烟草重金属安全

重金属在地壳中客观存在，随着岩石风化进入土壤，被作物吸收、积累，部分植物还具有富集能力，并通过吸食、接触进入人体，同时大气、降水、矿产、工具、家具等均含有重金属。重金属作为重要的工业原料，在汽车、建筑、电力、机械、电子等领域具有广泛的应用。因此，重金属在人类生活中无处不在，人时刻接触重金属。重金属对人具有致癌与非致癌风险，在一定水平下对人身体健康没有风险或风险较低，因此重金属风险不只烟草所独有，而且烟草重金属风险水平随着科技进步能够降到最低。建议通过一定途径在行业内统一对烟草重金属安全的认识，消除对烟草重金属风险的过度担忧。

（二）积极面对烟草及产地重金属风险

我国面对农产品及农田重金属突发事件，经历了信息封锁、突发事件预警到积极治理几个阶段，重金属污染范围、重点治理区域等公开透明。烟草及产地重金属总体清洁安全，轻风险、中风险区域相对较小，有风险元素主要是镉，其他元素基本安全。同时，烟草及其产地只是农产品、耕地的一部分，在全国土壤重金属背景、相关区域耕地重金属风险信息公开发布的大环境下，依据已有烟草及植烟土壤重金属科技文献，以及遥感、大数据分析手段，对全国烟草重金属高风险区域不难得到整体评价。通过控制相关信息，不利于烟草重金属风险的管控，因此行业应积极面对烟草重金属风险，主动管理、防控、治理烟草重金属风险。

（三）推广烟草重金属防控技术

虽然我国烟草及产地存在一定的重金属风险，在现有研究水平，重金属风险总体可控，重金属风险评估、外源重金属控制、土壤重金属钝化修复、污染土壤治理以及重金属检测等，均有成熟的技术与方法，可通过培训、宣传、交流等方式，普及这些科学知识，促进产区重金属防控水平的提升。

二、推进植烟土壤重金属相关标准和方法的制定与宣贯

（一）现行土壤环境质量标准具有局限性

植烟土壤重金属风险评估主要采用农业农村部推荐标准《烟草产地环境技术条件》（NY/T 852—2004），而此标准基本延用《土壤环境质量标准》（GB 15618—1995）Ⅱ级标准，目前尚未根据《土壤环境质量　农用地土壤污染风险管控标准（试行）》（GB 15618—2018）进行更新。而且，不少专家认为土壤环境质量是从总体上对土壤环境进行评价和管理，并不针对具体作物，因此，不能用于不同作物种类安全生产的产地环境质量的评价与分类，建议建立各类农作物产地土壤重金属安全阈值和评价标准，按照重金属含量水平合理布局农作物。

（二）深化植烟土壤重金属临界阈值研究

烟草重金属研究近10年逐渐引起重视，虽然本研究推导出烟草重金属限量标准，土壤重金属限量标准沿用原标准后，评估过程中土壤–烟草对应性相对较差。我国烟草种植区域南到海南岛，北到漠河，东至牡丹江，西到新疆，气候多样，土壤复杂，采用一个标准难以体现烟区区域特征。因此根据烟草吸收特性与种植体系，考虑土壤类型、pH值、有机质等影响，制定符合烟区条件的植烟土壤重金属含量阈值，建立烟田土壤环境质量标准，有利于烟区制定土壤重金属治理目标，确定改进措施。

（三）尽快制定并宣贯植烟土壤重金属标准

烟草及产地重金属限量标准是烟草重金属评估的依据，现国内并没有烟草重金属限量标准，在现有阶段建议依据现有研究成果，结合烟草产业发展需求，尽快制定、发布烟草及产地重金属限量标准，在烟草产区贯彻实施，并逐步优化、修订相关标准。

三、建立烟草及产地重金属监控体系

为更加全面掌握烟草及产地重金属现状与发展趋势，可考虑建立包括烟区重金属污染防控目标指标体系方法构建、烟区重金属环境质量监测预警体系建设、烟区重金属环境风险评价和防控的烟草及产地重金属监控体系，可更加系统地对烟草产地重金属进行调查与评价，利于对污染监控区和污染治

理区进行监测和治理，实现烟草及产地重金属安全的动态管理。

建议依托科研院所，建立行业主管部门牵头，省、市、县烟草公司参与的烟草重金属监控体系，按区域设置监测点，统一检测与评估方法，长期跟踪烟草及产地重金属变化状况，并对重点风险区域进行详查与细分，对植烟土壤重金属风险进行等级划分，为合理安排烟草生产提供科学依据。

四、对我国烟草重金属风险实行分类治理

（一）烟草与烟草制品实行差异化管理

烟草为卷烟制品原料，我国卷烟配方采用多产地、小比例的原料组合方式，一般单一产地原料占配方的5%左右，不超过配方的10%，因此卷烟为不同产地烟叶的混合物，因此，可以对烟草与烟草制品重金属风险状况实行差异化管理。

对于卷烟制品，在市场高度流通，为吸烟者直接接触吸食的产品，直接影响吸烟者的健康，属于严格控制重金属的最终产品。随着重金属检测技术的发展，成本降低，检测效率提升，个人完全能够承担重金属检测的费用。同时第三方检测机构的快速发展，面向个人、机构提供检测服务，而市场购买卷烟没有用途限制，这为社会检测烟草制品重金属提供可能。加之互联网信息的高效传递，烟草重金属突发事件的风险点在烟草制品。为防患于未然，建议尽快出台我国烟草制品重金属限量标准或内控标准，提高烟草制品安全性，保护吸烟者健康，树立烟草负责任的社会形象。

对于烟草，为农业初产品与卷烟原料，烟草公司单一途径收购，流向卷烟工业企业与出口。流向明确，过程可控，配方加工形成卷烟制品，因此烟草重金属的风险不在单一产区重金属的风险状况，而在于全国烟草不同重金属风险状况的比例构成，即不同重金属风险程度的烟草种植面积及产量比例构成合理，就能够保障卷烟制品的重金属安全状况。因此，烟草重金属限量建议采用分级管理，全国采用相同的重金属分级标准，可供卷烟企业选择原料与评估烟草重金属风险状况。

（二）按烟草重金属风险水平分类管理

重金属污染特征主要表现在不可（难以）降解性和污染累积性，这决定了重金属防控方法必须遵循风险防控的"预防""治理""控制"思想，以预防为主，按照烟草及产地重金属风险状况，可分为安全、警戒、轻风险、中风险等等级，对不同等级区域采取不同的防控与发展策略。

　　对烟草重金属安全区域采取保护政策，减少外源污染，保持烟田清洁状态，并保持或扩大种植比例，为烟草制品重金属风险控制的基础，清洁种植面积达到一定比例，可降低风险区域治理的压力。对烟草重金属警戒区域，减少外源污染，适当采取土壤改良、拮抗剂、抗蒸腾剂等低成本技术措施，降低烟叶中重金属的含量。对于轻风险区域，除控制外源污染外，支持、鼓励采取治理措施，降低土壤重金属有效性，降低烟叶重金属含量，稳定现有种植面积，可建立治理示范区，带动产区重金属风险的治理。对于中度及以上风险区域，建议控制种植面积，逐步降低在全国烟草所占比重，对质量优异、特色突出、卷烟必需、农民致富的区域，可采取生物修复、轮作等方式，移除烟田中重金属，根治重金属风险。

　　根据烟草制品重金属限量标准及不同风险水平烟叶产量，可大致推算出各风险等级烟草的产量与种植面积，同时，烟草品质、特色体现价值，质量安全性也是烟草价值的体现。